水果
選購食用圖鑑

張召鋒　編著

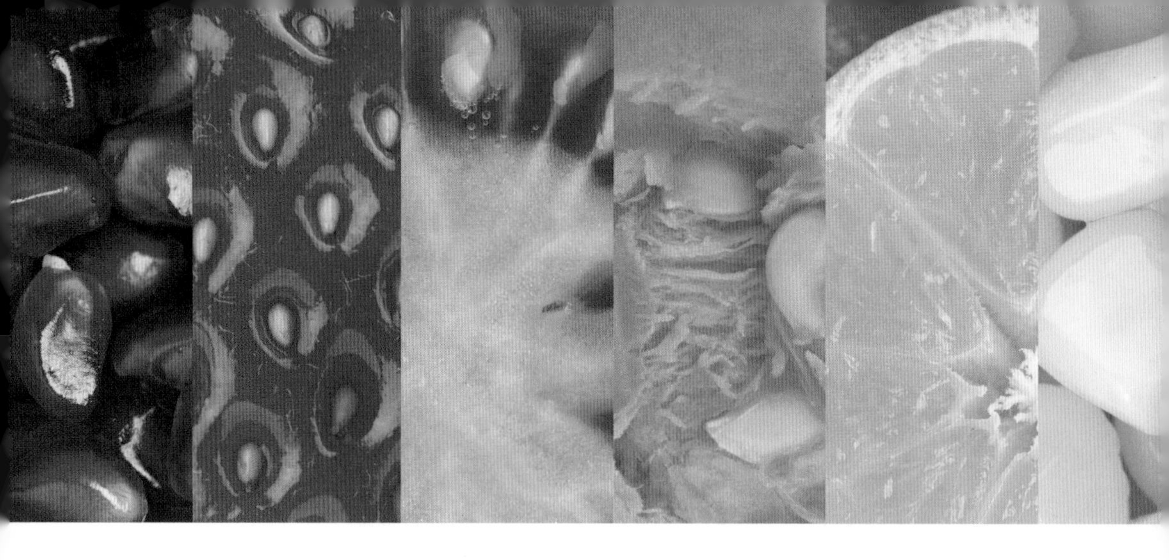

序

對於普通大眾而言，“吃”看似一件非常簡單的事情，然而要想吃得安全、健康就不是那麼簡單了。為什麼這樣說呢？任何一種食物，從挑選食材、製作到端上餐桌往往會受到許多天然或人為因素的影響，這些因素的好壞直接關係到食物品質的高低，人們吃得好與不好是受這些因素影響的。 近年來，食品安全與健康問題逐漸成為關注的焦點，大眾對於“吃”也不僅僅停留在追求口感上了，而是會更加注重其來源及營養功效。

蔬菜、水果有沒有噴灑農藥？雞鴨魚肉是否暗藏有害的激素？米麵糧油會不會摻假、摻毒？怎樣保持食物的新鮮度？如何降低食物的有害成分？什麼樣的食物搭配在一起食用更有益健康？

這些都是與選購、保存、清洗、烹飪、食用等息息相關的內容，只有弄清這些問題，才能最大限度地保證自己吃得安全、吃得健康。對於許多人來說，畢竟不是食物的生產者，因此無法從源頭上把握食物的安全性，所以在與食物接觸的時候，需要多留一點心眼，多花一點心思。

我看過不少關於食物安全與健康的書，但是這些書大部分只是側重食物的某

一個方面，例如專門講解選購方法、只解讀食物的營養功效等，完全將食物安全與健康割裂開來，很容易讓讀者忽略某些重要的方面。如果能有一本書可以從食物選購一直講到把食物端上餐桌，逐一、細緻地將每個環節完整道來，那麼這該是一件多麼造福於民的事情啊！

為了使廣大讀者能夠輕鬆、有效地掌握食物的安全與健康，書中在選購方面採取了對比與圖解的方式，幫助大家輕鬆辨別食物的好壞。本書還為大家提供了適用於現代家庭的食物保存和保鮮技巧，方法簡單明瞭，操作起來更加便捷。另外，本書從清洗、烹飪、健康吃法以及營養分析等方面為大家詳解了食物的健康和安全知識。不僅如此，書中還結合具體內容搭配了不同的小貼士，不但可以保證內容更加完整，還能全方位為大家提供飲食健康安全知識。 與其說這是一本關於食物安全與健康的書，倒不如說它是專屬你的生活管家、安全衛士和營養顧問。我所希望的是，這本書能讓大家吃的每一口食物都安全、營養、美味，能為大家創造安全、健康的飲食生活，願大家能從閱讀中一生受益。

在開始看這本書前，請大家先思考一個問題：你吃的食物如何？俗話說“民以

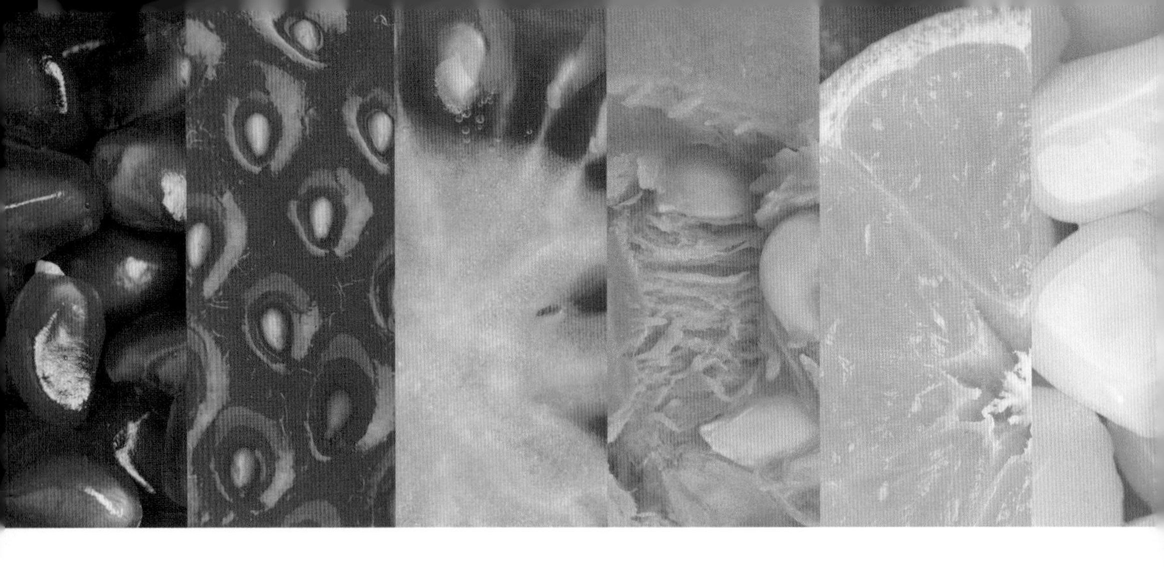

食為天”，食物是生命之源，然而這一源泉為提供的並不只是延續生命的物質，還有危害生命的毒物！這些毒物來自許多方面，既有大自然的塵埃、細菌，食物腐壞、疾病，也有農藥、化肥、生長激素、添加劑等化學品。有些毒物是可以通過清洗、加熱等方式清除的，但有些毒物卻深入到了食物內部，為人們的健康埋下了巨大安全隱患。 要想減少這些飲食安全隱患，那就要從日常最容易接觸食物的方面做起，而在日常生活中，與食物距離最近的時候當屬選購、保存、清洗、烹飪和食用了，只要在這些方面中時刻不忘安全和健康，那飲食安全隱患自然會隨之減少。本書專門從上述這些方面入手，詳細講解了如何挑選、保存新鮮又安全的食材，同時告訴大家如何用科學、健康的方法料理食材，幫助大家達到買得放心，吃得安心的目的。

本書主講水果，共分為 7 個部分，內容涵蓋仁果類、漿果類、核果類、堅果類、柑橘類、瓜果類以及其他類，每一種都是生活中經常見到、在果碟中經常現身的水果。書中採用好壞對比以及圖片解析的方式，讓大家輕鬆掌握辨別水果質量優劣的本領，提供最適合家庭使用的保存方法，並從清洗、烹飪、營養元素分析等方面對水果進行全面而詳細的解析。不僅如此，本書中還針對水果的一些細微之處搭配了溫馨的小貼士，從而保證大家吃得更加安全，食用得更加健康。

本書語言嚴謹而不失活潑，內容全面而講解詳細，方法實用而操作簡便，插圖精美而配有解析，皆在為大家帶來全新的閱讀感受，營造輕鬆的閱讀氛圍，讓每一位讀者都能從書中獲益，成為你家庭飲食健康與安全指南。

只有吃得對身體才健康。每一種水果都有它的飲食密碼，只有解開並讀懂它們，才能獲得安全和健康。真心希望本書能成為你家庭的飲食安全管家和營養健康顧問，讓你每一次吃水果，吃每一種水果都無後顧之憂。

最後，我要感謝以下朋友，他們有的為本書提供了資料，有的參與了部分小節的編寫，有的為我審核了相關數據，感謝他們的辛勤工作，他們是：陳計華、嚴莉、沈瑩、陳逸昕、陳磊、張雨、王紅霞、張波、李會玲、劉桃、劉建萍、張春燕、潘飛、王曉冬、張紅。

目錄

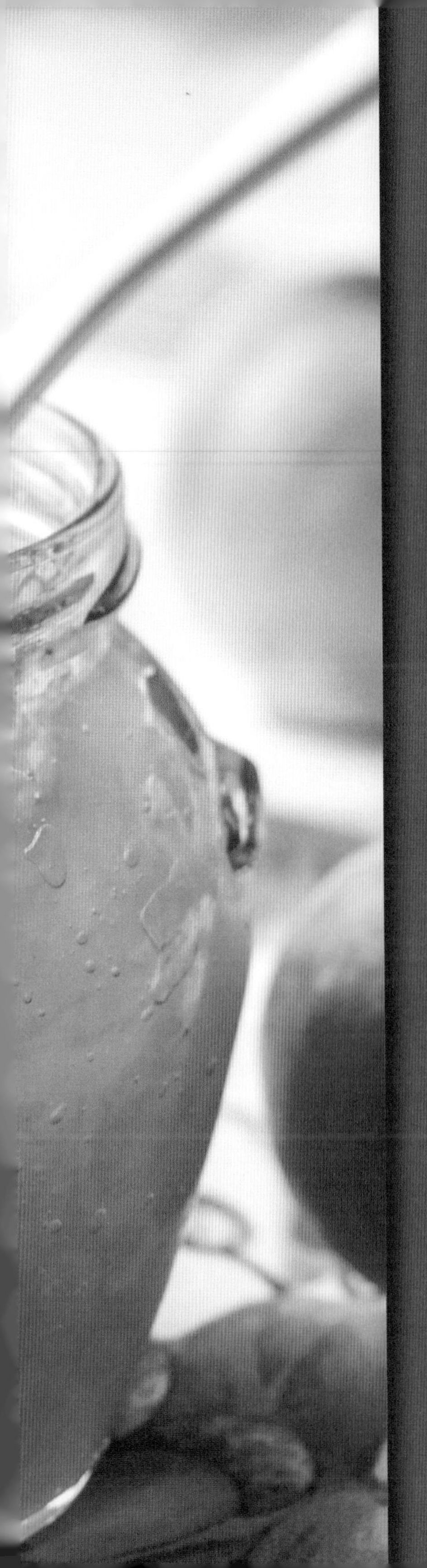

Part 1
仁果類

蘋果

學名	蘋果
常用名	平安果、智慧果、天然子、超凡子
外貌特徵	近圓形，上下內凹的球體
口感	肉質細脆，酸甜適口

差不多一年四季，蘋果都活躍在人們的果籃內。但是，吃的人多不代表蘋果安全健康。相反，正因為需求量大，所以催熟劑、催紅素等一系列“幕後黑手”也開始頻繁活動，給人們的健康埋下了隱患。

市面上常見的蘋果主要有三種顏色：紅色、綠色和黃色。紅蘋果的維他命C含量較多，味道甜美；青蘋果的熱量相對較少，相對較酸；而黃蘋果則味道更甜，對視力有好處。

好蘋果，這樣選

NG 挑選法	OK 挑選法
☒ **顏色異常鮮紅**——有可能在生長期間用了催紅素。	☑ 用手輕彈，有清脆回聲的一般都很脆。
☒ **帶有蟲眼或者小口腐爛**——可能切開會有蟲子，或者心腐爛不能吃。	☑ 蒂是淺綠色，新鮮；枯黃或者黑色，不新鮮。
☒ **綠裏透紅**——水分很多，但是甜的程度不夠，帶著酸澀。	☑ 皮上有麻點，一般都很甜。
☒ **顏色太紅**——水分少，比較綿，不夠清脆。	☑ 色澤紅潤、自然、均勻。
	☑ 用手輕按，容易按下去，比較甜，不容易按下去比較酸。

吃不完，這樣保存

保鮮方式不恰當也會使水果營養和口感大打折扣。無論是放進哪種容器，都要確保乾淨、乾燥。用缸存放時，可以在缸底放一杯白酒或水，然後把蘋果分層放進去，裝好後還可以適量地噴一些白酒，密封後把缸放在陰涼、乾燥的地方，隨吃隨取。這種方法可以讓蘋果鮮活地“待上”半年甚至更久。

用箱子存放時，需要在箱子的底部和四週鋪一些紙，把蘋果分組裝在乾燥的食品袋中，然後把裝好的蘋果對口放在箱中，裝時要輕手輕腳的；最後再在蘋果上鋪幾層紙，封蓋後放在陰涼、乾燥的地方。這樣也可以讓蘋果存上半年。

這樣吃，安全又健康

清洗

一次“徹底沐浴”——清洗，才能保證吃到的蘋果是安全而健康的。

許多果農為了防治蟲害，會在蘋果生長期間噴灑農藥，因此，蘋果的表皮或多或少會殘留農藥的成分，所以，為了讓蘋果變得乾乾淨淨，在清洗時，可以用以下兩種方法：

“鹽水消毒法”：先把蘋果浸濕，然後把鹽均勻地塗抹在果皮上，只要輕輕地搓一會兒，再用清水沖洗一下，這樣，不僅蘋果變得乾乾淨淨，還可以起到殺菌作用呢！

“生粉去污法”：在水中添加適量的生粉，然後把蘋果放進去清洗，不一會兒果皮上的髒東西就會被洗掉，再用清水沖一下，蘋果就乾淨了。

健康吃法

要想使蘋果的營養被人體充分吸收，需要掌握吃蘋果的“技巧”——細嚼慢嚥。蘋果中富含天然的抗氧化物質，能夠清除人體內的垃圾，豐富的果酸還有助於淨化口腔。如果能夠放慢吃蘋果的速度，那麼它的營養功效將會更加顯著。

tips

蘋果雖然營養豐富，但也要分人群食用。它含有豐富的糖分和鉀鹽，因此患腎炎、糖尿病的朋友不應過多食用。

此外，儘量不要在剛吃完飯時吃蘋果，容易引起消化不良。

營養成分表（每 100 克含量）

熱量及四大營養元素

熱量（千卡）	脂肪（克）	蛋白質（克）	碳水化合物（克）	膳食纖維（克）
52	**0.2**	**0.2**	**13.5**	**1.2**

礦物質元素（無機鹽）

鈣（毫克）	**4**
鋅（毫克）	**0.6**
鐵（毫克）	**12**
鈉（毫克）	**0.12**
磷（毫克）	**0.06**
鉀（毫克）	**0.19**
硒（微克）	**1.6**
鎂（毫克）	**119**
銅（毫克）	**4**
錳（毫克）	**0.03**

維他命以及其他營養元素

維他命 A（微克）	**3**
維他命 B_1（毫克）	**0.06**
維他命 B_2（毫克）	**0.02**
維他命 C（毫克）	**4**
維他命 E（毫克）	**2.12**
煙酸（毫克）	**0.2**
胡蘿蔔素（微克）	**20**

註：1．表格中空白處，均以“--”代替。
2．維他命 B_1= 硫氨素，維他命 B_2= 核黃素，煙酸 = 維他命 B_3。

蘋果雞蛋餅

如果3個人以上食用，可以多加些麵粉，然後調入一些牛奶，這樣還能充滿濃濃的奶香味。

Ready

1 個蘋果
2 隻雞蛋
牛油
白糖
植物油

削好蘋果皮，去核，切成丁狀。

在鍋中倒入牛油，燒熱。

放入蘋果丁，加白糖適量，翻炒直至變軟，裝碟備用。

雞蛋中放入適量白糖，攪拌均勻，然後加一點麵粉，攪拌成雞蛋麵糊，注意放入的麵粉不能太多，否則煎餅的時候會有困難。

平底鍋中輕抹一層薄油，將雞蛋麵糊倒入其中，攤成圓薄餅。

當雞蛋餅基本凝固時，調成小火，將備用的蘋果丁倒在雞蛋餅的一邊，然後將另一半餅翻蓋在上面。

關火，用餘溫稍微熱一會兒，裝碟即食。

刺梨

學　名	刺梨
常用名	送春歸、茨梨、木梨子、刺酸梨子、九頭鳥、文先果
外貌特徵	扁圓球形，黃色，表皮密佈小肉刺
所處地帶	熱帶、亞熱帶地區

刺梨是雲貴高原特有的野生果實，採摘期非常短暫，不足 30 天。刺梨的維他命 C 含量極高，是其他水果的幾百倍，堪稱“維他命 C 之王”。

好刺梨，這樣選

OK 挑選法

- ☑ 看大小：大小均勻的，果汁充盈，質量較好。
- ☑ 摸硬度：果實較為堅硬的品質較好。
- ☑ 看外表：表皮上肉刺密佈，且較為新鮮，則說明果實質量高，可放心購買。
- ☑ 看顏色：表皮顏色為黃色，且帶有紅暈的果實質量上乘，適合購買。

吃不完，這樣保存

購買刺梨時，最好現吃現買，一次性食用完畢。

如果吃不完，一定要把它放到乾燥、陰涼處，這樣才能延長它的存儲期限。如果天氣較為炎熱，那一定要儘快食用完畢，不然很容易變質。如果想要長時間保存，可以把新鮮的刺梨放到密封袋內密封好，放到冰箱冷藏室保存。另外，還可以用古老的糖漬、酒漬或者曬乾的方法來保存，不過如果大家想要吃新鮮的刺梨，這些保存方法並不適合。

這樣吃，安全又健康

清洗

刺梨表皮有肉刺，所以在食用之前只要用清水沖洗一下即可。在食用時，一定要將表皮的肉刺和內部果核去掉。

食用禁忌

刺梨中含有豐富的維他命 C，忌與含有維他命 C 分解酶的食物同食，否則，不利於人體吸收；因此在食用刺梨時儘量不要吃黃瓜等含有維他命分解酶的蔬菜。刺梨中含有多種糖類物質，因此血糖高或者患有糖尿病的朋友不能吃。另外，刺梨性涼，不適合懷孕後胃寒的女性朋友以及患有慢性腹瀉的人食用。

健康吃法

刺梨無論是生吃還是做成果醬、果汁、果脯等味道都不錯。每天喝刺梨汁，具有消暑的功效，是夏季消暑的佳品。用它製作而成的刺梨糯米酒，不僅味道鮮美，營養也是很豐富的，因此得到很多人喜愛。要想吃到口感最佳的刺梨，8～10 月是最佳的月份，因為此時是刺梨盛產的季節。另外，用刺梨泡水喝也不錯，這樣它含有的維他命 C 能很快被身體吸收。

tips

刺梨的功效：

保護心臟、減緩疲勞，降低血壓、改善頭暈目眩，止咳化痰、保護咽喉，幫助消化、防止便秘，預防動脈硬化和癌症，抗擊衰老。此外，還具有抗衰老、緩解疼痛的作用。

營養成分表（每 100 克含量）

熱量及四大營養元素

熱量（千卡）	脂肪（克）	蛋白質（克）	碳水化合物（克）	膳食纖維（克）
55	0.1	0.7	16.9	4.1

礦物質元素（無機鹽）

鈣（毫克）	68	鉀（毫克）	-
鋅（毫克）	-	硒（微克）	-
鐵（毫克）	2.9	鎂（毫克）	7
鈉（毫克）	-	銅（毫克）	-
磷（毫克）	13	錳（毫克）	-

維他命以及其他營養元素

維他命 A（微克）	483
維他命 B_1（毫克）	0.05
維他命 B_2（毫克）	0.03
維他命 C（毫克）	2585
維他命 E（毫克）	-
煙酸（毫克）	-
胡蘿蔔素（微克）	2900

刺梨冰糖粥

這道粥味道甘甜，在清熱解毒、消食和胃方面有不錯的效果。

Ready

刺梨 300 克
粳米 100 克
冰糖 30 克

把刺梨清洗乾淨，去掉果核、撕掉表皮後備用榨汁備用；把粳米放到冷水中浸泡 1 個小時左右，撈出後瀝乾水分備用。

將刺梨汁中的渣滓取出來，留下汁液，放入鍋內燒開後，放入粳米和冰糖一起熬製成粥。

把做好的粥盛入容器內，晾涼後放入冰箱冷凍後再食用。

體寒的朋友最好避免食用冷凍後的粥，以免影響身體健康。要想吃到冰涼的粥，可以把盛粥的容器放到冰箱內降溫。

海棠果

學　名	海棠果
常用名	海棠木、紅海棠果、海紅、花紅、楸子、柰子、八棱海棠
外貌特徵	形似蘋果，但個頭較小
所處地帶	溫帶、亞熱帶地區

海棠是一種原產我國的集觀賞和食用為一體的花木。小巧可愛的海棠果因其鮮豔的顏色讓人垂涎三尺。

好海棠果，這樣選

NG 挑選法	OK 挑選法
✗ 太小的有可能沒有成熟，最好不要購買。	☑ 看大小：大小均勻，果肉飽滿的質量上乘。
✗ 畸形說明口感較差。	☑ 看外形：外形勻稱，扁卵圓形，說明口感較好。
✗ 表面褶皺說明質量較差。	☑ 看外表：外表圓滑，沒有褶皺，沒有斑點，說明較為新鮮。
✗ 外表顏色不均勻、不一致，則有可能已經變質。	☑ 看顏色：外表顏色均勻、一致，多為鮮紅色，沒有蟲眼，說明較為新鮮。
✗ 枝梗不新鮮、不牢固說明有可能已經變質。	☑ 看枝梗：枝梗新鮮、牢固說明果實較為新鮮，反之有可能已經變質。

吃不完，這樣保存

存儲時，可以把海棠果裝入保鮮袋內，放到陰涼、通風的地方即可。另外，為了長時間保存海棠果，可以把它裝入密封袋放到冰箱冷凍室保存。

這樣吃，安全又健康

清洗

海棠果的清洗方法比較簡單，它同蘋果的清洗方法基本相同，可以使用食鹽和生粉對它進行清洗。

食用禁忌

海棠果味道酸，不適合胃潰瘍和胃酸較多的人吃。另外，海棠果的熱量較高，因此肥胖的朋友還是少食為好。

健康吃法

海棠果和其他水果不同的地方是，剛採摘下來的果子味道並不好，而放置一段時間後香味和口感才能達到最佳，所以為了健康最好不要食用剛採摘下來的海棠果。海棠果本身小巧，因此在吃時最好連果核一起放到嘴內咀嚼，這樣味道才最好。

海棠果的功效：

幫助消化、增進食慾，生津止渴，收斂止瀉，治療大便溏薄，還具有提高機體免疫力功效。

營養成分表（每 100 克含量）

熱量及四大營養元素

熱量（千卡）	脂肪（克）	蛋白質（克）	碳水化合物（克）	膳食纖維（克）
73	0.2	0.3	19.2	1.8

礦物質元素（無機鹽）

鈣（毫克）	15	鉀（毫克）	263
鋅（毫克）	0.04	硒（微克）	-
鐵（毫克）	0.4	鎂（毫克）	13
鈉（毫克）	0.6	銅（毫克）	0.11
磷（毫克）	16	錳（毫克）	0.11

維他命以及其他營養元素

維他命 A（微克）	118	維他命 E（毫克）	0.25
維他命 B_1（毫克）	0.05	煙酸（毫克）	0.2
維他命 B_2（毫克）	0.03	胡蘿蔔素（微克）	710
維他命 C（毫克）	20		

美味你來嚐

秋日橙子水果茶

這道飲品味道酸甜可口，具有提升身體免疫力、止咳化痰的作用。

Ready

海棠果 6 顆
橙子 1 個
茶葉 2 包
蜂蜜

把海棠果清洗乾淨，去核後帶皮切成丁備用；把橙子用食鹽搓掉表皮上的果臘，用刀將橙皮削下來並把表皮內側的白色部分去掉備用；把橙子的果肉取出來備用。

之所以這樣做，因為去掉白色部分能避免苦味。

把橙皮、茶包放入盛有清水的鍋內，浸泡 30 分鐘。之後把切好的海棠果丁放入鍋內，開火煮 10 分鐘左右，之後關火再燜泡 5 分鐘左右。

把橙子的果肉和部分海棠果丁放入茶杯中，之後沖入做好的茶，等茶稍微涼後調入適量蜂蜜即可飲用。

枇杷

學名	枇杷
常用名	蘆橘、金丸、蘆枝
外貌特徵	球形或者長圓形
所處地帶	亞熱帶地區

枇杷是我國南方的稀有水果品種之一，被冠以“果中之皇”的美名。它原產亞熱帶地區。

好枇杷，這樣選

NG 挑選法	OK 挑選法
✗ 太大則甜度欠佳，太小則較酸。 ✗ 畸形則說明口感較差。 ✗ 外表茸毛脫落則說明新鮮度欠佳。 ✗ 外表顏色不均勻、不一致則有可能已經變質；顏色發青，說明未成熟，不宜選購。	☑ 看大小：大小均勻的，果汁充盈，味道甘甜。 ☑ 看外形：外形勻稱，呈倒卵形，說明口感較好。 ☑ 看外表：外表茸毛完整則說明是新鮮的。 ☑ 看顏色：外表顏色均勻、一致，多為黃色或橙黃色，說明較為新鮮。

吃不完，這樣保存

如果把新鮮的枇杷放到潮濕的冰箱冷藏保存，那一天之後肯定會變黑，因此在存儲時，一定要把它放到乾燥、通風的地方。

為了防止外皮的顏色發生改變，可以把它浸泡到鹽水、冷水或者糖水中保存。

這樣吃，安全又健康

清洗

購買以後清洗乾淨再剝皮食用味道最佳。清洗很簡單，把枇杷放到淡鹽水中浸泡 5 分鐘，然後輕輕搓洗一會兒，再用清水沖洗乾淨即可。

食用禁忌

枇杷中含有豐富的維他命 C，若同含有維他命 C 分解酶的食物同食會破壞維他命，不利於人體吸收，因此在吃枇杷時儘量不要吃黃瓜。枇杷中含有果酸，同海鮮中含有的鈣元素結合後會形成沉澱，讓蛋白質凝結，影響身體吸收營養元素。另外，枇杷含糖量較高，因此不適合患有糖尿病的朋友吃。另外，枇杷果核含有有毒的氰甙類物質，食用後會中毒甚至危及生命，所以在吃枇杷時一定不要食用果核。

健康吃法

枇杷不管生吃還是做成果醬或者罐頭都是非常營養美味的。枇杷不但能生吃，還可以烹製成各種佳餚，比如它可以和銀耳、粳米搭配製作成美味的粥品等。雖然它營養豐富，但是在食用時要控制好量，一般每次吃 5 ～ 10 顆最佳，食用過多反而會生痰，繼發痰熱等。

一旦誤食果核，要在第一時間到醫院就診。如果就醫不方便，可以先喝幾個生雞蛋白，之後刺激舌根催吐，等到吐出後喝大量綠豆湯，讓毒素隨尿液排出體外。

枇杷的功效：

幫助消化、增進食慾，潤肺止咳、祛痰，預防感冒以及防止嘔吐，還具有保護視力、潤膚、促進身體生長發育的作用。

營養成分表（每100克含量）

熱量及四大營養元素

熱量（千卡）	脂肪（克）	蛋白質（克）	碳水化合物（克）	膳食纖維（克）
39	0.2	0.8	9.3	0.8

礦物質元素（無機鹽）

鈣（毫克）	17
鋅（毫克）	0.21
鐵（毫克）	1.1
鈉（毫克）	4
磷（毫克）	8
鉀（毫克）	122
硒（微克）	0.72
鎂（毫克）	10
銅（毫克）	0.06
錳（毫克）	0.34

維他命以及其他營養元素

維他命A（微克）	-
維他命 B_1（毫克）	0.01
維他命 B_2（毫克）	0.03
維他命C（毫克）	8
維他命E（毫克）	0.24
煙酸（毫克）	0.3
胡蘿蔔素（微克）	-

枇杷紅棗粥

這道粥味道甘甜清香，在潤膚養顏、健胃、祛斑方面的作用都是很顯著的。

Ready

枇杷 6 顆
粳米 100 克
乾紅棗 2~3 顆
蜂蜜

把枇杷清洗乾淨，去掉果核、撕掉外皮後備用；把粳米放到冷水中浸泡 1 個小時左右，撈出後瀝乾水分備用；把乾紅棗清洗乾淨，用刀切成小塊備用。

中放適量水燒開，加入粳米，煮沸後放入紅棗並煮開，之後加入處理好的枇杷煮開，然後調成小火熬製成粥。在食用之前調入適量蜂蜜口感更佳。

調入蜂蜜的時間要掌握好。一般在粥的溫度降到 70~80℃時調入蜂蜜最佳，這樣能最大限度保留蜂蜜的營養。

梨

學　名	梨
常用名	快果、玉乳、果宗、蜜父、雪梨、香水梨、青梨
外貌特徵	卵形或球形，上部窄，下部寬圓，中間向內凹
口　感	肉質鮮嫩，果汁充盈，酸甜適度

梨可以說是除蘋果之外最受歡迎的水果之一了，不過最受歡迎不代表食用它會很安全，很多果農為了保證梨不受害蟲侵害，同時也為了確保它的外形美觀，會噴灑大量的農藥，這些農藥或多或少會影響人們的身體健康。所以在選購梨時，除了保證新鮮之外，還要注意安全和健康哦！

常見的梨有三種顏色：黃色、黃綠色和褐色。一般黃色或者褐色的梨在套袋後會變成淡黃色或者黃色，比如蘋果梨就如此。黃綠色或者綠色的梨口感較酸，而黃色、淡黃色或者褐色的梨口感較甜、果汁較為豐富。

好海棠果，這樣選

NG 挑選法	OK 挑選法
☒ **表皮厚、粗糙**——可能果實較為粗糙、果汁不足。	☑ 果形端正、果柄完整
☒ **帶有蟲眼或者有稍微腐爛**——切開後可能有蟲子，或者心已經腐爛不能吃。	☑ 色澤均勻、自然
	☑ 皮薄且細、沒有蟲眼、疤痕或者損傷

NG 挑選法	OK 挑選法
☒ **果形不端正或畸形、大小不均勻、無果柄**——果汁較少、味道淡且苦澀、肉質粗糙。 ☒ **果臍較淺、不圓**——味道差、肉質粗糙。	☑ 肉質細膩、汁液豐富、內部顆粒組織少，果核較小 ☑ 果蒂較深、週圍較為圓潤

吃不完，這樣保存

如果保鮮的方法不恰當，不但會讓梨的口感變差，甚至會導致它變質腐敗。很多人會將梨放到陰冷的地方存放，還會將梨放到冰箱冷藏室，因此在保存之前一定要確保梨本身乾燥、沒有用水清洗過，並放到紙袋內再放到冷藏室即可。

如果一次性買了大量梨，在存放時可以選擇陶製容器或者瓷罈，把沒有損傷、質地較硬的梨清洗乾淨並晾乾後放到容器內，再向容器內倒入用涼水調配成的 1% 的鹽水，最後用塑料薄膜將容器密封好放到陰涼處即可。需要注意的是，鹽水和梨都不要裝得太滿，這樣梨才能更加暢快地呼吸，此種保存方法可以保存 1~2 個月呢。

在存儲梨時，一定不要把梨同蘋果、香蕉、桃子和木瓜等容易變質腐敗的水果放到一起，因為它們釋放出的乙烯會加快水果變質的速度。

這樣吃，安全又健康

清洗

在食用之前，要對梨進行一次徹底的清洗，這樣才能保證吃到的梨安全又健康。 這一步非常重要，一定不要掉以輕心哦！

很多果農為了防止蟲子咬噬梨，在梨生長期間會噴灑大量農藥，即便是套著袋子的梨也會受到農藥的污染，因此為了保證吃到安全的梨，在食用之前要記得清洗。

“鹽水消毒法”：需要先把梨放到水中浸濕，然後把適量食鹽均勻地塗抹在果皮上，輕輕地搓一會兒，再用清水沖洗一下，這樣一來不僅讓梨變得乾乾淨淨，還可以起到殺菌的作用。

“蘇打水去污法”：在水中添加適量的小蘇打，然後把梨放進去浸泡 20 分鐘左右，再輕輕揉搓一會兒，用清水沖洗乾淨就可以了。還可以用淘米水清洗梨。

健康吃法

很多水果都可以生吃，但是並不是所有水果都可以蒸著吃。梨就是其中一個特例，它不僅可以蒸著吃，還可以煮著吃，不但味道堪比生吃，而且營養也是有過之而無不及。梨中含有的配糖體和鞣酸成分，在祛痰止咳、養護咽喉方面作用顯著，適合長時間用嗓的人群吃。在蒸著吃時，可以放少許冰糖，這樣功效會更加顯著。

tips

梨雖然營養豐富，但也要分人群食用。它含有大量的糖分，因此不適合糖尿病朋友食用。另外， 它含有的果酸也較多，所以不適合胃酸多的朋友吃。

此外，想要讓梨達到止咳化痰的功效，在挑選時要避免選擇甜梨。

營養成分表（每 100 克含量）

熱量及四大營養元素

熱量（千卡）	脂肪（克）	蛋白質（克）	碳水化合物（克）	膳食纖維（克）
44	0.2	0.4	13.3	3.1

礦物質元素（無機鹽）

元素	含量	元素	含量
鈣（毫克）	9	鉀（毫克）	92
鋅（毫克）	0.46	硒（微克）	1.14
鐵（毫克）	0.5	鎂（毫克）	8
鈉（毫克）	2.1	銅（毫克）	0.62
磷（毫克）	14	錳（毫克）	0.07
碘（微克）	0.7		

維他命以及其他營養元素

元素	含量	元素	含量
維他命 A（微克）	6	維他命 E（毫克）	1.34
維他命 B_1（毫克）	0.03	煙酸（毫克）	0.3
維他命 B_2（毫克）	0.06	胡蘿蔔素（微克）	33
維他命 C（毫克）	6		

美味你來嚐

冰糖雪梨

冰糖雪梨味道甘甜，可以生津止渴、潤肺止咳、清熱化痰。

Ready

梨 1 個
冰糖
(配料均可依個人口味適量加入)

把梨清洗乾淨，削皮、去核切成片，放入碗中。

向碗中放適量清水和冰糖。

碗放到蒸鍋內蒸至冰糖溶化。一般要蒸 20~30 分鐘。

油柑

學名	餘甘子
常用名	油甘子、牛柑子、餘柑
外貌特徵	球形，赤黃色或淡黃色
所處地帶	亞洲熱帶地區

油柑是一種產自南方熱帶地區的水果品種，既有人工種植的，也有野生的。無論是人工種植還是野生的，在挑選時都要注意下面這些細節。

好油柑，這樣選

OK 挑選法

☑ 看果形：果形圓且大，大小均勻的為上品。

☑ 摸外皮：外皮光滑，光澤均勻的油柑質量最好。

☑ 看果肉：果肉呈半透明狀，淡黃色或赤黃色的果實較好，青色的口感苦澀且咀嚼後有渣滓。

☑ 油柑屬季節性水果，最好現買先吃。

吃不完，這樣保存

如果一次性購買太多無法吃完，那可以把它裝入保鮮袋內，密封好後放到冰箱冷藏室保存，這種方法保存時間非常短，最好在 1 ～ 2 天的時間內吃完。

這樣吃，安全又健康

清洗

購買後清洗乾淨後再吃更健康。在清洗時，用流動的清水反覆沖洗即可。也可以用淡鹽水浸泡一會兒輕輕揉搓後用流動的清水沖洗乾淨即可。

食用禁忌

油柑沒有什麼禁忌，不過它性寒，所以一次性不要吃太多，以免造成身體不適。

健康吃法

油柑可以生吃，味道鮮美，不過很多人在食用的時候會選擇用糖或者鹽醃製，這種方法會讓油柑的味道大增。

營養成分表（每 100 克含量）

熱量及四大營養元素

熱量（千卡）	脂肪（克）	蛋白質（克）	碳水化合物（克）	膳食纖維（克）
38	0.1	0.3	12.4	3.4

礦物質元素（無機鹽）

鈣（毫克）	6
鐵（毫克）	0.2
磷（毫克）	9
硒（微克）	1.13
銅（毫克）	-
鋅（毫克）	0.1
鈉（毫克）	-
鉀（毫克）	15
鎂（毫克）	8
錳（毫克）	0.95

維他命以及其他營養元素

維他命 A（微克）	8
維他命 B_1（毫克）	-
維他命 B_2（毫克）	0.01
維他命 C（毫克）	62
維他命 E（毫克）	-
煙酸（毫克）	0.5
胡蘿蔔素（微克）	50

tips

油柑的功效：

去油、幫助消化、潤肺清熱、化痰、生津止渴。

美味你來嚐

油柑燉豬肺

這道粥味道甘甜清香，在潤膚養顏、健胃、祛斑方面的作用都是很顯著的。

Ready

枇杷 250 克
豬肺 400 克
食鹽

把豬肺用食鹽醃製片刻，不但能去腥，還具有殺菌的功效。

把油柑清洗乾淨，用刀拍扁備用；把豬肺清洗乾淨切成塊備用。

把豬肺用食鹽醃製片刻，之後放入沸水中焯一下。

把焯好的豬肺和清洗乾淨的油柑一同放入砂鍋內，加入適量清水煮沸後調成小火燉 2 個小時左右。

在食用之前加入適量鹽調味，口感會更佳。

山楂

學名	山楂 Crataegus
常用名	山裏紅、紅果、 山林果、胭脂果、仙楂
外貌特徵	近圓形或梨形，外稍呈棱形、底部有深窪
口感	肉質綿軟，口感酸澀

秋天是山楂採收的季節，不過山楂的保存期限很短，因此很多商家為了讓顧客們能長時間吃到美味的山楂，甚至會使用化學藥品來保鮮山楂，然而這樣的做法會威脅人體健康。因此無論在選擇新鮮山楂，還是山楂製品——冰糖葫蘆時，一定要在盛產季節。鮮山楂屬季節性水果，秋季最為常見，此時購買也最為方便，一旦錯過最好選購山楂乾食用。

好山楂，這樣選

NG 挑選法	OK 挑選法
☒ **果形扁圓**——口感較酸澀。	☑ 果肉多為白色、黃色或者紅色，口感較甜
☒ **帶有蟲眼或者小片腐爛**——掰開後可能有蟲子或者內部腐爛。	☑ 用手輕按，容易按下去的，比較麵且甜
☒ **果皮上密佈著小點兒且較為粗糙**——甜的程度不夠，味道酸澀。	☑ 果皮上的麻點較小、光滑，口感較甜
☒ **質地堅硬、密度較大、內部為綠色**——甜度不夠，味道偏酸。	☑ 色澤鮮紅，光澤自然、均勻
☒ **果皮青色**——沒有成熟，不能食用。	☑ 果實大小均勻、端正、正圓形，沒有破皮或者乾疤
☒ **沒有光澤、有褶皺、較乾硬，或者有破皮**——質量較次、長時間存放。	

吃不完，這樣保存

山楂的保鮮時間非常短，一旦保存方法選擇不當，很容易導致腐爛。一般情況下， 在保存山楂時，要將山楂清洗乾淨，並徹底晾乾。最為方便的保存方法就是把山楂放到真空袋內，將空氣排乾淨後放到冰箱冷凍室保存。

用缸保存山楂時，首先要保證缸乾淨、乾燥。之後在缸底放上一個瓦盆，再放上 4 ～ 5 根通風用的高粱稈或者玉米稈，再將完好無損的山楂放入缸內，放到距離缸口 15 厘米的地方，再在上面鋪上一層樹葉或者菜葉，等到天氣轉涼後用牛皮紙將口密封，放到陰涼處保存就可以了。

這樣吃，安全又健康

清洗

在食用之前，為了確保吃到安全且健康的山楂，清洗是不可缺少的步驟。

山楂對種植環境要求不嚴，很少受到病蟲害侵襲，因此在種植過程中使用農藥的次數並不是很多，不過為了保證食用到的山楂既安全又健康，可以用鹽水清洗的方法來處理山楂：把山楂放到鹽水中浸泡一會兒，之後用手反覆揉搓片刻，再用清水沖洗乾淨就可以了。這樣不僅能輕易清洗掉表面的髒東西，還能達到殺菌的作用。

健康吃法

山楂的確富含多種營養元素，吃後對人體非常有益，它的最佳食用方法是煮熟後再吃。這樣不僅能讓身體吸收有益元素，還能降低因生吃山楂引起的胃潰瘍的概率。另外，山楂中含有豐富的黃酮類化合物，具有增強人體免疫力、預防癌症、降低血脂的功效。此外，它還具有開胃消食、活血化瘀的作用哦。

食用禁忌

不過想要讓營養成分被人體充分吸收，在吃山楂的時候儘量不要同含有維他命 C 分解酶的食物像南瓜、青瓜、胡蘿蔔等一起吃，以免維他命 C 遭到破壞。另外，海鮮、豬肝也要避免同山楂一起吃，不然維他命很容易遭到破壞，甚至會引起便秘等病症。需要注意的是，活血的山楂和止血的維他命 K_3 不能一同食用。

tips

山楂雖然含有多種有益身體的營養成分，不過在食用時儘量不要生吃，因為它含有的鞣酸和胃酸結合後會形成難以消化的胃石。空腹時不要吃山楂，以免損傷胃黏膜。

正在換牙齒的兒童、處於孕期的婦女也要避免吃山楂，以免損傷牙齒、造成流產。

營養成分表（每 100 克含量）

熱量及四大營養元素

熱量（千卡）	脂肪（克）	蛋白質（克）	碳水化合物（克）	膳食纖維（克）
95	0.6	0.5	22	3.1

礦物質元素（無機鹽）

鈣（毫克）	52	鋅（毫克）	0.28
鐵（毫克）	0.9	鈉（毫克）	5.4
磷（毫克）	24	鉀（毫克）	299
硒（微克）	1.22	鎂（毫克）	19
銅（毫克）	0.11	錳（毫克）	0.24

維他命以及其他營養元素

維他命 A（微克）	17	維他命 E（毫克）	7.32
維他命 B_1（毫克）	0.02	煙酸（毫克）	0.4
維他命 B_2（毫克）	0.02	胡蘿蔔素（微克）	0.8
維他命 C（毫克）	53		

美味你來嚐

山楂粥

這道粥味道甘甜，在健脾胃、消積食、散瘀血方面有很好的作用，適合患有高血壓、食積停滯、高血脂的朋友吃。

Ready

山楂 30 ～ 40 克
粳米 100 克
白糖 10 克

把山楂清洗乾淨，用砂鍋煎煮出汁液。去渣後留下汁液備用。

把清洗好的粳米放入汁液，同時放入準備好的白糖，煮至成粥就可以食用了。

在兩餐之間食用為宜，不可以空腹吃。

榲桲

學名	榲桲
常用名	金蘋果、木梨
外貌特徵	梨形、蘋果形或者梗瘤形，下部中間向內凹陷
所處地帶	歐洲、中亞以及我國的新疆

這是新疆地區是一種古老的果樹品種，果實芳香，新疆群眾將其視為上等食品，當作“抓飯”的輔助食材。

好榲桲，這樣選

OK 挑選法

- ☑ 看大小：大小均勻，果汁充盈，口感比較好。
- ☑ 看外形：外形勻稱，呈梨形，說明是新鮮的。
- ☑ 看外表：外表沒有破損，短絨毛完整，顏色一致，沒有蟲眼，說明果實比較新鮮。

吃不完，這樣保存

最大的特徵就是儲藏時間久，存儲也比較簡單，只要把它放到陰涼、通風的地方保存就可以。不過也可以把它放到保鮮袋內，將袋內空氣擠壓出後，密封好放到冰箱冷藏室保存。

這樣吃，安全又健康

清洗

新鮮的表皮有濃密的短絨毛，清洗時要認真將絨毛刷洗乾淨。把浸入水中片刻，用軟毛刷子輕輕刷洗表面，等到絨毛全部刷洗乾淨後，再用清水反覆沖洗即可。

食用禁忌

在新疆地區種植較多，而在東西部地區則少見，不過大量食用容易誘發毒熱，影響腸道功能，因此不要大量食用它。另外，榅桲中果糖含量較高，因此不適合患糖尿病的朋友吃。

健康吃法

曬乾後的榅桲可以生吃，能達到解酒、去煩躁的功效。除了生吃之外，熟食味道會更棒，很多人會選擇用它來製作果醬。可以根據自身喜好選擇食用方法，讓它的營養元素被人體更容易吸收。

tips

榅桲的功效：

祛濕解暑，舒筋活絡。在治療傷暑、嘔吐、腹瀉、消化不良，關節疼痛等方面效果也不錯。

營養成分表（每 100 克含量）

熱量及四大營養元素

熱量（千卡）	脂肪（克）	蛋白質（克）	碳水化合物（克）	膳食纖維（克）
28	0.1	0.4	8.2	1.9

礦物質元素（無機鹽）

鈣（毫克）	4	鋅（毫克）	0.1
鐵（毫克）	0.1	鈉（毫克）	3
磷（毫克）	13	鉀（毫克）	121
硒（微克）	0.2	鎂（毫克）	6
銅（毫克）	0.08	錳（毫克）	0.04

維他命以及其他營養元素

維他命A（微克）	-	維他命E（毫克）	0.47
維他命 B_1（毫克）	0.01	煙酸（毫克）	0.1
維他命 B_2（毫克）	0.04	胡蘿蔔素（微克）	-
維他命C（毫克）	5		

榲桲果醬

果醬的味道甜中帶酸，很適合同禽類、豬肉等搭配做菜，是美食世界中不能缺少的一員。

Ready

榲桲 250 克
檸檬 2 個
冰糖

保存的容器一定要事先消毒，等到果醬完全冷卻後就可以密封保存了。

用擦布擦掉表面的絨毛，清洗乾淨後剝皮，之後用刀將果子切成小塊，並把果核留下。把檸檬清洗乾淨，擠出檸檬汁備用。

鍋中放 2000 毫升水燒開，加入處理好的，大火煮開後用小火煮 30~40 分鐘，等到變軟後關火。

用一個細篩網把汁液瀝出來，之後稱一下汁液的重量，然後準備相同重量的冰糖。

把準備好的汁液倒入鍋內，同時把冰糖和檸檬汁一同倒入，用小火讓冰糖徹底溶化。等冰糖溶化後大火煮沸，並撇去上面的浮沫，直到汁液呈果凍狀為止，最後放到玻璃瓶中保存即可。

Part 2
漿果類

葡萄

學　　名	葡萄 Vicisvinifera
常 用 名	提子、蒲桃、草龍珠、山葫蘆、李桃
外貌特徵	圓形或橢圓形，紫黑色、紫紅色或者青綠色
口　　感	肉質鮮嫩，果汁充盈，酸甜各異

每到葡萄盛產的 8 ～ 10 月份，大街小巷都是兜售葡萄的商販，一些不法商販會用一些假葡萄，甚至一些染色的葡萄來欺騙顧客，而他們兜售時總是打一槍換一個地方，因此為了自身的健康和安全，在購買時一定要仔細、認真挑選。

市場上常見的葡萄有三種顏色，紫黑色、紫紅色和青綠色。顏色不同葡萄的種類也就不同，紫黑色的葡萄品種為玫瑰或者巨峰，個頭較小，不過味道甜；紫紅色的葡萄品種為龍眼，甜味較玫瑰香稍微次一些，而俗稱的牛奶葡萄則為青綠色或者黃白色，味道也很甘甜。

好葡萄，這樣選

NG 挑選法	OK 挑選法
✗ **拿起整串葡萄時，落籽較多**——採摘時間較長的果實，新鮮度欠佳。	☑ 味道甘甜，有香氣
✗ **枝梗發霉、乾癟，甚至有霉斑**——採摘時間較長，質量較次。	☑ 色澤鮮豔，顏色較深且均勻，表皮有一層白色的霜
✗ **果皮青棕色或者是灰黑色，且有褶皺**——不新鮮或者已經變質。	☑ 底部的那顆葡萄較甜，整串葡萄都會很甜
✗ **果汁較少或者果汁較多但味道淡甚至口感較酸**——可能已經發霉或者變質。	☑ 大小均勻、枝梗新鮮，果實和枝梗連接緊密，不易掉落
	☑ 肉質飽滿、汁液豐富、內部青籽或癟籽較少

吃不完，這樣保存

想要食用到既新鮮又美味的葡萄，一定要瞭解並掌握它的保存方法。把沒有清洗過的葡萄裝入保鮮袋內放到冰箱冷藏室存儲，這樣保存 4~5 天是沒有問題的。如果不想放到冰箱內存儲，那一定要把它拿出來放到陰涼、通風的環境中，不然長時間裝在膠袋內很容易腐敗變質。如果葡萄已經清洗過，在保存時一定要把它擦乾，然後放到冰箱冷藏室減緩它變質的速度。

需要注意的是，在保存時不要把葡萄一顆一顆摘下來，尤其是將蒂一起拔掉，因為如果只留下葡萄的果肉，不但會加快它的氧化速度，同時還會招來很多小飛蟲。

這樣吃，安全又健康

清洗

為了保證身體安全和健康，在吃葡萄之前一定要對它進行清洗。

很多果農為了保證葡萄上乘的質量，減少害蟲的入侵，會選擇噴灑農藥。農藥會直接和葡萄的果實表皮接觸，並殘留在表皮上，如果不能徹底清洗，很有可能引起腹瀉甚至中毒，所以為了身體安全和健康，在吃葡萄之前一定要清洗。

準備一盆清水，混合適量的麵粉，攪拌均勻後，把剪下來的葡萄放到其中小心翼翼地攪拌，之後用清水反覆沖洗它，直到把麵粉完全沖洗乾淨。在清洗之前，在用剪刀從枝梗上將葡萄剪下來時要留下一點蒂，這樣能很好地防止污水進入果實內部，食用起來會更加健康。另外，清洗葡萄時不要長時間浸泡。

健康吃法

要想讓葡萄的營養元素被人體完全吸收，在食用葡萄時要掌握一定的技巧——吃葡萄不吐葡萄皮。葡萄皮含有白藜蘆醇物質，在抗氧化及改善過敏體質上具有很好的功效，而它含有的黃酮類物質在降低膽固醇方面的作用也很顯著。所以在吃葡萄時如果把皮一起吃掉，營養價值會更高。 這一步非常重要，一定不要掉以輕心哦！

tips

葡萄雖然含有多種營養元素，但食用也分人群。它的含糖量非常高，因此不適合患有糖尿病或者血糖較高的人吃。經常性便秘的朋友也儘量不要吃。

吃葡萄後不要立即喝水，以免引起腹瀉。吃葡萄 4 小時之後再吃其他水果，以免葡萄中的鞣酸和水果中的鈣元素結合，形成身體很難吸收的物質，從而影響身體健康。

營養成分表（每 100 克含量）

熱量及四大營養元素

熱量（千卡）	脂肪（克）	蛋白質（克）	碳水化合物（克）	膳食纖維（克）
43	0.2	0.5	10.3	0.4

礦物質元素（無機鹽）

鈣（毫克）	5	鋅（毫克）	0.18
鐵（毫克）	0.4	鈉（毫克）	1.3
磷（毫克）	13	鉀（毫克）	104
硒（微克）	0.2	鎂（毫克）	8
銅（毫克）	0.09	錳（毫克）	0.06

維他命以及其他營養元素

維他命 A（微克）	8	維他命 E（毫克）	0.7
維他命 B_1（毫克）	0.04	煙酸（毫克）	0.2
維他命 B_2（毫克）	0.02	胡蘿蔔素（微克）	50
維他命 C（毫克）	25		

葡萄汁

葡萄汁味道甘甜，在利水、補氣、補血方面有不錯的功效。

Ready

葡萄 250 克
清水
食鹽

葡萄清洗乾淨，之後去皮、去籽，放入攪拌機中。

向攪拌機中加入適量清水，接通電源攪拌均勻後斷電，倒入杯中即可享用。為了讓它更加美觀，可以在葡萄汁上放上一些裝飾糖。

楊桃

學　名	楊桃
常用名	五斂子、洋桃、三廉子、酸桃、蜜桃楊、梅桃
外貌特徵	卵形至長橢圓球形，有棱
所處地帶	熱帶、亞熱帶地區

楊桃是熱帶、亞熱帶盛產的水果之一，營養價值頗高。楊桃含水分很多，具解渴消暑功效。

好楊桃，這樣選

OK 挑選法

- ☑ 看形狀：果形端正，大小均勻，因為太大味道不足，太小成熟度較差。
- ☑ 看表皮：表皮光滑，有光澤，沒有損傷或裂口，這樣的果實較為新鮮。
- ☑ 看顏色：表面顏色有黃有綠，以綠中帶有黃色最佳。
- ☑ 掂重量：挑選重量較重的，這樣的果實較為新鮮，而重量較輕的也許放置了好長時間。
- ☑ 憑手感：用手摸起來較為光滑、堅硬的楊桃較為新鮮。
- ☑ 楊桃是一種不能長久存儲的水果，因此最好是現吃現買。

吃不完，這樣保存

可以把楊桃用泡沫紙包裹起來，放到帶有氣孔的袋子中，密封好後放到陰涼、通風的地方，不過這種方法只能存放 2 天左右。另外，也可以將它放到冰箱冷藏室保存，不過溫度要控制在 3~5℃。如果楊桃是在沒有成熟時採摘下來的，那按照上述方法可以保存 25 天左右。

這樣吃，安全又健康

清洗

楊桃可以放到淡鹽水或者混合了少量麵粉的水中浸泡 3~5 分鐘，然後用手輕輕揉搓一下， 最後用清水沖洗乾淨即可。

食用禁忌

楊桃的營養價值的確非常高，不過它屬性寒的水果，所以不適合脾胃虛寒、大便溏瀉的朋友大量食用。楊桃中含有大量果糖、葡萄糖和蔗糖，所以血糖較高或者患有糖尿病的朋友要主動遠離。

健康吃法

楊桃無論是作為水果直接吃，還是製作成果醬、果汁都營養美味。用醋醃製楊桃食用，不但味道鮮美，還能達到消食和中的作用呢。不過需要注意的是，在食用楊桃製作而成的果汁或者果醬時一定不要加入冷水或冰塊，以免造成腹瀉，影響身體健康。要想食用到最鮮美的楊桃，時間以中秋節前後最佳，此時的楊桃成熟度高，芳香宜人，食用後殘渣也比較少。

tips

楊桃的功效：

生津止渴、利咽去熱、幫助消化，提升身體免疫力，預防風火牙痛等。

營養成分表（每 100 克含量）

熱量及四大營養元素

熱量（千卡）	脂肪（克）	蛋白質（克）	碳水化合物（克）	膳食纖維（克）
29	0.2	0.6	7.4	1.2

礦物質元素（無機鹽）

鈣（毫克）	4	鋅（毫克）	0.39
鐵（毫克）	0.4	鈉（毫克）	1.4
磷（毫克）	18	鉀（毫克）	128
硒（微克）	0.83	鎂（毫克）	10
銅（毫克）	0.04	錳（毫克）	0.36

維他命以及其他營養元素

維他命 A（微克）	3	維他命 E（毫克）	-
維他命 B_1（毫克）	0.02	煙酸（毫克）	0.7
維他命 B_2（毫克）	0.03	胡蘿蔔素（微克）	20
維他命 C（毫克）	7		

楊桃炒雞胗

這道美味佳餚具有清熱解毒、利水消腫，健胃消食的作用。

Ready

楊桃 2 個
雞胗 200 克
青椒 1 個
紅椒 1 個
蔥
薑
蒜
料酒
醬油
白糖
食鹽
生粉

把楊桃清洗乾淨，去掉棱上的硬邊和頭以及尾，之後切成片備用。把青椒和紅椒清洗乾淨，切成小塊備用。把薑切成片，把蔥切成段備用，把蒜切成片備用。

把雞胗清洗乾淨，放入生粉、料酒、薑絲、白糖、鹽醃製片刻。

起鍋倒入適量油，油熱後放入雞胗爆炒，之後加入醬油、青紅椒翻炒，最後倒入楊桃翻炒 30 秒鐘左右即可。

楊桃入菜時炒製時間不能太長，以免釋放出大量水分，產生酸味。

人心果

學　名	人心果
常用名	吳鳳柿、人參果、赤鐵果、奇果
外貌特徵	紡錘形、卵圓形或球形，褐色
所處地帶	墨西哥南部至中美洲、西印度群島的熱帶地區

人心果因其外形酷似心臟而得此名。它全身都是寶，不但果實可以食用，樹根、樹皮等還是上好的藥材。

好人心果，這樣選

OK 挑選法

☑ 看形狀：選擇圓形或者圓錐形，直徑在5～10厘米之間，果實已經成熟，味道甜。

☑ 看顏色：表皮多為暗褐色，果肉為黃褐色、呈透明狀，表明果實已經成熟。

☑ 捏軟硬：較硬的人心果成熟度不夠，現買現吃要挑變軟的人心果，這樣的果實汁液較多。

☑ 看外皮：外皮完整，較為粗糙，沒有破損或者裂口者為佳。

吃不完，這樣保存

剛採收下的人心果質地較硬，因此存儲時可以擺放到紙箱內，放到低溫、陰涼、通風的地方。一般來説，剛採收的人心果不能直接吃，要等到它變軟才可食用。而溫度越高，人心果變軟的速度越快。想要長時間存儲人心果，可以把它放到在2～4℃的環境中，這樣可以存儲8個月之久。人心果變軟不能長時間存儲，因此要儘快吃完。

這樣吃，安全又健康

清洗

人心果在吃之前一定要清洗乾淨，因為它表皮比較薄，所以清洗時不要用力揉搓。可以把需要清洗的人心果連同果蒂一起放到淡鹽水中浸泡，然後輕輕搓洗，之後用清水再次沖洗就可以了。需要注意的是，清洗之前一定不要把果蒂擇掉，以免有害物質進入果肉造成再次污染。

食用禁忌

剛剛採摘下的人心果不能吃，因為這時它含有的膠質和單寧，食用後會給身體帶來傷害。吃人心果時一次性不要食用太多，以免造成消化不良。吃人心果的時候儘量不要再吃海鮮，以防食物中毒。另外，人心果的含糖量比較高，因此血糖較高或者患有糖尿病的朋友儘量不要吃。

健康吃法

人心果不但可以當成水果生吃，製作果醬、果汁等，還能用它來製作美味佳餚，像涼拌、做湯等都是不錯的選擇。人心果生食，不但爽口、口感綿軟、唇齒留香，就連營養也會提升。

tips

人心果的功效：

補充身體能量、幫助消化、預防心血管疾病以及潤肺等功效。

營養成分表（每 100 克含量）

熱量及四大營養元素

熱量（千卡）	脂肪（克）	蛋白質（克）	碳水化合物（克）	膳食纖維（克）
-	-	1.9	10	-

礦物質元素（無機鹽）

鈣（毫克）	-	鋅（毫克）	1.14
鐵（毫克）	6.59	鈉（毫克）	-
磷（毫克）	-	鉀（毫克）	-
硒（微克）	15	鎂（毫克）	11.2
銅（毫克）	-	錳（毫克）	0.39

維他命以及其他營養元素

維他命 A（微克）	-	維他命 E（毫克）	-
維他命 B_1（毫克）	0.25	煙酸（毫克）	-
維他命 B_2（毫克）	0.27	胡蘿蔔素（微克）	0.9
維他命 C（毫克）	130		

涼拌人心果

美味的涼拌人心果，不但爽口，還具有潤肺、預防便秘的作用。

Ready

人心果 20 克
食鹽
蒜泥
醋
芝麻油

把人心果清洗乾淨後切成片放入碟中。

向碟中的人心果撒上適量食鹽醃製片刻，等汁液滲出後倒掉。

向碟中調入適量食醋、蒜泥、芝麻油，攪拌均勻後就可以吃了。

製作菜餚時，一定要使用安全熟透的人心果。

無花果

學　名	無花果
常用名	映日果、優曇缽、蜜果、文仙果、奶漿果、品仙果、天生子、阿、阿驛
外貌特徵	球根狀、扁圓形或卵形，底部長有小孔
所處地帶	熱帶和溫帶地區

無花果原產自熱帶地區，雖然北方地區也有種植，但是數量非常少。為了保持無花果鮮美的口感，最好現吃現買。

好無花果，這樣選

OK 挑選法

☑ 看形狀：挑選個頭較大的無花果，這樣的果實果肉飽滿，汁液充盈。

☑ 看顏色：果實表面的顏色越深，表示果實越熟，口感也會更加甜。

☑ 捏軟硬：挑選捏起來較軟的果實，這樣的果實成熟度比較高。

☑ 看尾部：尾部開口比較大果實成熟度高，口感也較甜。

☑ 看果肉：無花果的果肉多為顆粒狀，而人工仿造多為長條形。

吃不完，這樣保存

無花果並不耐存儲，尤其是在常溫條件下。如果想要保存它，可以用保鮮紙把無花果包裹起來，之後放到冰箱冷藏室保存，這樣可以保存 3 ～ 4 天的時間。如果想要長期保存無花果，那最好製作成乾果、果脯或者果醬等食品。

這樣吃，安全又健康

清洗

無花果表面有一層厚厚的表皮，所以在清洗時可以把食鹽撒在果皮表面輕輕揉搓，之後用清水沖洗乾淨，剝掉表皮就可以吃了。

食用禁忌

含有豐富營養元素的無花果並不適合所有人吃，像大便溏瀉的朋友不要生吃無花果，因為無花果中含有大量膳食纖維具有清理腸道、幫助消化的作用。無花果也不適合患有脂肪肝的朋友吃。另外值得注意的是，無花果中含糖量比較高，患有高血糖病症和糖尿病的朋友最好不要吃。

健康吃法

無花果即可作為水果生吃或製作蜜餞、果醬等食品，也可作為蔬菜製作各種美味佳餚。把無花果同梅頭肉放到一起烹飪，不但味道極其鮮美，而且營養價值也提高了不少，甚至能達到健胃利腸、消炎解毒的功效。下面也許不算食用方法，不過愛美的女士可以試一試：把新鮮的無花果切成薄片貼在眼睛下方，能達到消除眼袋的作用。

無花果的功效：

消除疲勞、潤腸通便、利咽消腫，降低血壓、預防心血管疾病、預防癌症、提升機體免疫力等。

營養成分表（每 100 克含量）

熱量及四大營養元素

熱量（千卡）	脂肪（克）	蛋白質（克）	碳水化合物（克）	膳食纖維（克）
59	0.1	1.5	16	3

礦物質元素（無機鹽）

鈣（毫克）	67	鋅（毫克）	1.42
鐵（毫克）	0.1	鈉（毫克）	5.5
磷（毫克）	18	鉀（毫克）	212
硒（微克）	0.67	鎂（毫克）	17
銅（毫克）	0.01	錳（毫克）	0.17

維他命以及其他營養元素

維他命 A（微克）	5	維他命 E（毫克）	1.82
維他命 B_1（毫克）	0.03	煙酸（毫克）	0.1
維他命 B_2（毫克）	0.02	胡蘿蔔素（微克）	30
維他命 C（毫克）	2		

雪梨無花果茶

香氣誘人的水果茶，不但味道甘甜，還具有去熱、解毒、健脾胃的功效呢。

Ready

無花果 3 顆
雪梨 1 個

把無花果切開後，出味的速度會更快。

把清洗乾淨的無花果用刀切成四瓣備用。

把雪梨清洗乾淨，去皮去核後切成塊備用。

把上述食材放入盛有清水的鍋內煮沸，大火煮開後調成小火再煮 5 分鐘左右，之後關火燜 30 分鐘左右。

食用前去掉渣滓，倒入杯中就可以了。

山莓

學名	山莓
常用名	樹莓、山抛子、牛奶泡、三月泡、四月泡、龍船泡、大麥泡、刺葫蘆
外貌特徵	接近球形或卵球形，紅色，密佈細毛
所處地帶	溫帶地區

山莓產於日本，東南亞及中國東北和西部。

好山莓，這樣選

OK 挑選法

- ☑ 看形狀：自然成熟的山莓形狀為球形或卵球形，水分多，味道好。
- ☑ 看顏色：山莓有紅、黑和黃三種顏色，表面有均勻的光澤。
- ☑ 捏軟硬：挑選較為堅實的果實，較軟且已經流水的山莓可能已經變質或者太過成熟了。
- ☑ 聞味道：無論什麼顏色的新鮮山莓，都會散發出濃郁的香氣，而散發異味的果實説明已經變質。

吃不完，這樣保存

山莓果皮嫩且薄，因此在保存時一定不能疊放在一起，也不能壓重物。在常溫的條件下，1～2天就會變質，因此一般會採取冷凍保鮮的方法。綜上所述，想要吃到新鮮的山莓，那一定要現吃現買。

這樣吃，安全又健康

清洗

清洗山莓時，切記不要用水浸泡。食用之前只要用流動的清水沖洗一下即可。

食用禁忌

山莓中含糖量在 5.58%~10.67%，因此糖尿病人不宜食用。另外，孕婦也不要大量吃山莓。

健康吃法

山莓富含多種營養物質，長期食用對保護心臟、預防高血壓、高血脂和動脈粥硬化有很好的作用。除此之外，山莓還是點心最佳的拍檔，糕點師經常用它裝飾蛋糕。

tips

山莓的功效：

降血壓、降血脂，抗衰老，防治腫瘤，幫助消炎、改善新陳代謝等。

營養成分表（每 100 克含量）

熱量及四大營養元素

熱量（千卡）	脂肪（克）	蛋白質（克）	碳水化合物（克）	膳食纖維（克）
54	0.5	0.2	13.6	3

礦物質元素（無機鹽）

鈣（毫克）	22	鋅（毫克）	-
鐵（毫克）	-	鈉（毫克）	1
磷（毫克）	22	鉀（毫克）	168
硒（微克）	-	鎂（毫克）	20
銅（毫克）	-	錳（毫克）	-

維他命以及其他營養元素

維他命 A（微克）	130	維他命 E（毫克）	-
維他命 B_1（毫克）	0.03	煙酸（毫克）	0.9
維他命 B_2（毫克）	0.09	胡蘿蔔素（微克）	-
維他命 C（毫克）	25		

山莓果醬

山莓果醬酸甜可口，具有改善身體新陳代謝的功效。

Ready

山莓 300 克
果凍粉 2 克
白糖 60 克
水 80 克

食用之前拿到冷藏室解凍即可，切忌用開水燙泡。

把山莓清洗乾淨瀝乾水分後放到大盆內搗碎，放入白糖攪拌均勻後醃製 30 分鐘。把水倒入鍋內，加入果凍粉攪拌均勻後加熱 1 分鐘左右。

把醃製好的山莓倒入鍋內攪拌均勻後熬煮 3~5 分鐘。

趁熱把果醬倒入消毒的玻璃瓶中，蓋上蓋子放涼後放入冰箱冷凍保存即可。

菠蘿

學　名	鳳梨
常用名	菠蘿、黃梨、番梨、旺梨
外貌特徵	圓筒狀，猶如松果一樣的複果
口　感	肉質肥厚，果汁充盈，味道甜微澀

菠蘿是一種熱帶水果，身影已經遍佈整個熱帶地區。雖然菠蘿屬熱帶水果，不過即使在北方也依然可以吃到它。市場上常見的菠蘿其實很多都是在七八成熟時採摘下來的，所以在挑選時要注意這一點。另外，大街上小商販兜售的切割好的菠蘿最好不要購買，主要是因為空氣中有很多有害物質，這些物質會附著在菠蘿上，食用後會影響人體健康，此外也不能確定它用鹽水浸泡過，食用後不會出現過敏現象。

好菠蘿，這樣選

NG 挑選法	OK 挑選法
☒ **果形不端正或者畸形，個頭瘦長且小**——發育不完全，口感較差。	☑ 果肉有濃郁的菠蘿香氣
☒ **果皮青綠色**——還沒有完全成熟，含糖量低，口感不好。	☑ 果肉淡黃色的組織密實，果目小，果芯細小
☒ **用手摸菠蘿，堅硬沒有彈性**——果實還生的時候採摘，含糖量比較低，口感差。	☑ 顏色為淡黃色、亮黃色或者微黃中帶著一絲青綠色
☒ **用手摸菠蘿，果實較為軟，沒有彈性**——果實已經變質，不能吃。	☑ 果形大小適中，端正，芽眼數量比較少
	☑ 用手按壓時，堅實且有彈性

NG 挑選法	OK 挑選法
☒ **用鼻子聞時，沒有果香或從外皮就能聞到果香**——還沒有成熟或成熟過度的菠蘿。 ☒ **果目深達果芯且粗大**——質量較次的菠蘿，不宜購買。	☑ 果形為圓柱形或兩端稍微尖的橢圓形

吃不完，這樣保存

看著菠蘿有那麼厚的果皮，很多人可能會認為它保存起來會很簡單，其實不然，如果不能掌控好保存的溫度，那兩天的時間就會讓菠蘿變質腐敗的。既然如此，應該用什麼方法來保存它呢？

一般來説，水果在低溫狀態下比較容易保存，而菠蘿卻恰恰相反，如果把菠蘿放到6~10℃的冷藏室內保存，不出兩天果皮就會變色，果肉就會流出汁液。既然如此，那就一定要把它放到溫度高於 10℃且陰涼、通風地方。如果要放到冰箱保存，那一定要把它放到溫度稍高的保鮮室內。需要注意的是，從冰箱保鮮室拿出的菠蘿在正常溫度下變質的速度會加快，所以拿出來後一定要儘快吃完。

這樣吃，安全又健康

清洗

在食用之前，菠蘿要進行一次徹底的清洗，這樣才能保證吃到安全又健康的菠蘿。

菠蘿的外皮非常厚實，因此很多人覺得吃菠蘿根本不用清洗，其實這是非常不正確的，因為菠蘿果肉中含有甙類物質和菠蘿蛋白酶，這些物質會對人體產生刺激，如果不能及時清除掉這些物質，人體會出現過敏甚至休克的症狀，因此再食用之前一定要把去掉果皮和果刺的菠蘿切成塊放到糖水或者鹽水中浸泡 10~20 分鐘後再食用。

健康吃法

菠蘿生吃是不錯的選擇，另外它還可以製作成各種美味佳餚，像菠蘿飯、菠蘿酒、菠蘿汁等。菠蘿之所以被廣泛應用，是因為它味道可口，營養豐富。菠蘿中含有大量的膳食纖維和蛋白酶，非常適合消化不良、便秘的朋友吃。菠蘿富含維他命 B 雜，在養顏、美肌，提升身體免疫力和滋養頭髮方面的作用也非常顯著。另外，減肥和感冒的朋友也不妨多吃一些。菠蘿和蜂蜜是不錯的“拍檔”，兩者搭配對治療支氣管炎很有效。 這一步非常重要，一定不要忘記做哦！

tips

菠蘿不是每個人都可以食用，因為它屬寒性水果，所以體弱虛寒的朋友最好不要吃。此外，不要一次性大量食用菠蘿，也不要空腹吃，因菠蘿它中含有的草酸會損傷腸胃。

另外，菠蘿不要和雞蛋一起吃，因為菠蘿中的果酸和雞蛋中的蛋白質會結合到一起，影響人體的吸收。

營養成分表（每 100 克含量）

熱量及四大營養元素

熱量（千卡）	脂肪（克）	蛋白質（克）	碳水化合物（克）	膳食纖維（克）
41	0.1	0.5	10.8	1.3

礦物質元素（無機鹽）

鈣（毫克）	12	鋅（毫克）	0.14
鐵（毫克）	0.6	鈉（毫克）	0.8
磷（毫克）	9	鉀（毫克）	113
硒（微克）	0.24	鎂（毫克）	8
銅（毫克）	0.07	錳（毫克）	1.04
碘（微克）	4.1		

維他命以及其他營養元素

維他命 A（微克）	3	維他命 E（毫克）	-
維他命 B_1（毫克）	0.04	煙酸（毫克）	0.2
維他命 B_2（毫克）	0.02	胡蘿蔔素（微克）	20
維他命 C（毫克）	18		

菠蘿飯

菠蘿飯味道甘甜，具有止瀉利水、消除積食的作用。

Ready

菠蘿 1 個
大米 200 克
白糖 1 茶匙
葡萄乾
枸杞子

把大米用清水清洗乾淨後浸泡 1 小時，之後放入電飯煲蒸熟。

把菠蘿頂部的葉子去掉一部分，之後從葉子下面約 1.5 厘米的地方把部分葉子切下來。

用刀將菠蘿底部的果肉剜出來一部分，底部剩餘的果肉用勺子挖出來，把菠蘿製作成一個碗的形狀。

把剜出來的菠蘿切成菠蘿丁。葡萄乾和枸杞子用水泡開備用。

等米飯變涼後，把菠蘿丁、葡萄乾和枸杞子放到一起，加入 1 茶匙白糖後攪拌均勻。

攪拌均勻後與米飯放入製作成的菠蘿碗中，壓實後蓋上蓋子，放到蒸鍋內蒸 15 分鐘左右就可以享用了。

桑葚

學名	桑葚
常用名	桑實、桑果、桑棗、烏椹
外貌特徵	長圓形，由卵圓形小核果聚合而成
口感	果肉鮮美，味道微酸中帶甜

桑葚是一種顏色非常突出的漿果類水果。現在很多桑葚已經由原來的野生轉變成了人工種植，所以在生長過程中必然會受到農藥的侵襲。這也為人們的身體健康和食用安全埋下了不小的隱患。所以在吃它的時候，一定要熟知同它有關的健康和安全常識。

桑葚在生長過程中顏色是不斷變化的，從開始的青色轉變成後來的紅色，直到最後變成成熟的紫黑色為止。一般來説，紅色的桑葚口感較酸，而紫紅色的桑葚口感則比較甜，汁液也比較豐富。另外，除了應季的新鮮桑葚外，還可以選擇桑葚乾來吃。

好桑葚，這樣選

NG 挑選法	OK 挑選法
☒ **顏色鮮紅誘人**——可能沒有完全熟透，味道很酸，不宜食用。	☑ 皮薄，沒有汁液流出
☒ **表皮破裂，有紫色的汁液流出**——採摘時間較長，或者已經發生了變質。	☑ 果形端正、個頭較大，果柄完整，整體較為堅挺
☒ **果形大小不均勻、無果柄，缺乏水潤感**——長時間存放或者已經變質的桑葚。	☑ 顆粒飽滿、肉質肥厚、汁液豐富
	☑ 果蒂同果實連接較為緊密
	☑ 嚐一口味道甘甜，內部和外部顏色一致

NG 挑選法	OK 挑選法
☒ **表皮顏色深，內部看起來很生**——當心是染色的桑葚。	☑ 紫紅中透著黑色，光澤均勻

吃不完，這樣保存

桑葚在保存上並不容易。完全熟透的桑葚就算使用最佳的保存方法，第二天的口感依然會大打折扣。所以要想吃到新鮮的桑葚，最好是現吃現買，買回後一次性食用完畢。如果一次性購買太多，想要保存那最好把它裝入敞口的容器內，然後放到冰箱冷藏室，此種方法最多保存 1 天的時間，因此要儘快食用完畢。

長時間保存桑葚也不是不可以，不過再次食用時就不是新鮮的桑葚了。可以把清洗乾淨且瀝乾水分的桑葚中放入少許鹽和白砂糖醃製保存，也可以把桑葚曬成桑葚乾，放到保鮮袋內保存。

這樣吃，安全又健康

清洗

為了確保食用後身體的健康和安全，所以在吃之前一定要對它進行徹底清洗。除了這一點外，桑葚在生長過程中會長期同空氣中的有害物質接觸，有時還會受到農藥污染，所以食用之前清洗是必不可少的步驟。

“鹽水浸泡消毒法”：需要先把桑葚放在流動的清水中反覆沖洗，之後把沖洗乾淨的桑葚放到淡鹽水中浸泡 5 分鐘左右，最後撈出來就可以吃了。需要注意的是，因為桑葚的皮比較薄，所以在清洗時不要用力揉搓，以免汁液大量流失。

健康吃法

成熟的桑葚被稱為“民間聖果”，不但可以直接生吃，還能用來製作桑葚汁、桑葚酒、桑葚果醬和桑葚乾等。之所以如此受人們喜愛，是因為它富含豐富的營養元素。桑葚中含有的鞣酸、脂肪酸、蘋果酸等營養物質在健脾開胃、促進消化、預防動脈硬化方面有不錯的功效。桑葚中含有的蘆丁不但能有效預防癌症，還具有涼血清火、預防腦出血和結腸癌的作用。另外，桑葚不但能用來明目，還是抗衰老的良藥哦！桑葚生吃和煮熟後食用的功效是完全不同的，生吃具有生津止渴的作用，煮熟後具有滋陰補腎、補氣的功效。

tips

桑葚含有多種營養元素，但並不是每個人都可以食用。桑葚中含有的糖分很高，因此不適合患有糖尿病或者血糖較高的人吃。另外，小孩子也不要大量吃桑葚。

桑葚屬性寒的水果，所以寒性體質的人最好不要大量吃，可以選擇在餐後少量吃一些。需要注意的是，每天吃桑葚的數量不要超過 20 顆。

營養成分表（每 100 克含量）

熱量及四大營養元素

熱量（千卡）	脂肪（克）	蛋白質（克）	碳水化合物（克）	膳食纖維（克）
49	0.4	1.7	13.8	4.1

礦物質元素（無機鹽）

鈣（毫克）	37	鋅（毫克）	0.26
鐵（毫克）	0.4	鈉（毫克）	2
磷（毫克）	33	鉀（毫克）	32
硒（微克）	5.65	鎂（毫克）	-
銅（毫克）	0.07	錳（毫克）	0.28

維他命以及其他營養元素

維他命 A（微克）	5	維他命 E（毫克）	1.95
維他命 B_1（毫克）	0.03	煙酸（毫克）	-
維他命 B_2（毫克）	0.08	胡蘿蔔素（微克）	30
維他命 C（毫克）	9.2		

桑葚果醬

桑葚果醬味道酸甜，具有滋陰補血、潤肺止咳、去燥的功效。

Ready

桑葚 900 克
白糖 100 克
冰糖 150 克
檸檬 1 個，榨汁
麥芽糖 2 勺

把桑葚去掉蒂，清洗乾淨裝入鍋內。

向鍋內的桑葚撒上白糖醃製 30 分鐘左右。

把準備好的冰糖放入醃製好的桑葚中，之後開火用小火熬煮，直到汁液變稠為止。需要注意的是，在熬製過程中要不停地攪拌。

向鍋內擠入檸檬汁，同時放入麥芽糖攪拌均勻，熬煮 10 分鐘左右關火。 把熬煮好的果醬裝入消毒後的密封容器內，晾涼後放入冰箱冷藏室即可。

容器消毒很簡單，把容易放入沸水中煮 10 分鐘就可以了。

士多啤梨

學名	草莓
常用名	洋莓、地莓、地果、紅莓、士多啤梨
外貌特徵	尖卵圓形，底部萼片緊貼果實
口感	果肉爽口，汁液充盈，味道甘甜

士多啤梨不但外貌極具吸引力，就連它的口感也讓人難以忘懷。雖然它散發出無窮的魅力，但是它的背後依然存在著健康隱患。很多果農為了讓士多啤梨長得漂亮會濫用激素，而這樣的士多啤梨食用後會影響人體健康，所以在食用士多啤梨時一定要掌握同它相關的健康知識才可以。在市場上，一年四季似乎都有士多啤梨的身影，不過反季節的士多啤梨多產自大棚，這些士多啤梨使用激素的可能性非常大，因此儘量不要在反季節吃士多啤梨。

好士多啤梨，這樣選

NG 挑選法	OK 挑選法
☒ **個頭較大，顏色過於鮮豔，打開後心是空的**——可能是使用激素造成的，不能購買。	☑ 果蒂新鮮，多呈綠色
☒ **果形畸形，表皮的顆粒上有畸形的凸起**——可能使用了激素，這樣的士多啤梨口感較差。	☑ 色澤鮮亮，表面有均勻的光澤，有一些細小的絨毛
☒ **果蒂脫落或已經枯萎**——採摘了很長時間，有可能已經變質。	☑ 用手摸時，手感較硬且結實
	☑ 果形外觀為心形，個頭大小均勻

NG 挑選法	OK 挑選法
✗ **用手摸時果肉較軟，顏色為深紅色**——有可能已經腐爛或者變質，不能購買。	

吃不完，這樣保存

士多啤梨可以説是一種很“嬌氣”的水果，一旦保存方法不當，次日就會面目全非。在保存士多啤梨時，一定要輕拿輕放，一旦劇烈碰撞，就算再高明的保存方法，也很難讓它長時間存放。

在保存士多啤梨時，可以把士多啤梨連蒂一起放到淡鹽水中清洗乾淨，之後瀝乾水分，裝入保鮮袋內密封好放到冰箱冷藏室，這樣可以保存 1~2 天。

冰凍保存也不錯，把清洗乾淨的士多啤梨去掉蒂，放到盛有清水的保鮮盒內，同時向保鮮盒內放入幾塊冰糖，之後蓋好蓋子放到冰箱冷凍室保存就可以。

這樣吃，安全又健康

清洗

在食用之前，士多啤梨要進行一次徹底的清洗，這樣才能保證吃到安全又健康的士多啤梨。士多啤梨是一種低矮的草莖植物，雖然它被種植到了地膜中，不過在生長中也難免不會受到土壤和細菌的侵襲，因此在食用士多啤梨之前一定要嚴把清洗關才可以。

把買回的士多啤梨帶果蒂一起放到流動的清水中反覆沖洗，清洗乾淨後再把士多啤梨放入淡鹽水或者淘米水中浸泡 5 分鐘左右。之所以用淡鹽水或者淘米水，是因為鹽水具有殺菌的作用，而呈鹼性的淘米水能有效分解殘留農藥。

帶果蒂清洗可以防止農藥等有害物質滲入到果肉內避免二次污染。

健康吃法

士多啤梨生吃味道非常鮮美，做成士多啤梨醬、士多啤梨汁等甜點美食也很受人們喜歡。如果把士多啤梨同鮮奶或者奶油混合到一起食用，不僅味道更加鮮美，還有助於維他命 B_{12} 的吸收。士多啤梨還是各種甜點最佳的“拍檔”，這不僅是因為它口感極佳，還因為它的顏色和外形是其他水果所無法匹敵的。另外，飯前吃一些士多啤梨，具有緩解胃口欠佳的作用。如果將鮮士多啤梨和冰糖一起燉煮後食用，還能達到治療聲音嘶啞、咽喉腫痛的作用呢。不僅如此，士多啤梨在醒酒、美白牙齒和保護心臟方面功效也很顯著。

tips

士多啤梨含有多種營養元素，其中維他命 C 含量很高，所以在吃士多啤梨時儘量不要吃含有維他命分解酶的食物，比如黃瓜。

士多啤梨在食用時沒有什麼禁忌，糖尿病人也可以吃。

營養成分表（每 100 克含量）

熱量及四大營養元素

熱量（千卡）	脂肪（克）	蛋白質（克）	碳水化合物（克）	膳食纖維（克）
30	0.2	1	7.1	1.1

礦物質元素（無機鹽）

鈣（毫克）	18	鋅（毫克）	0.14
鐵（毫克）	1.8	鈉（毫克）	4.2
磷（毫克）	27	鉀（毫克）	131
硒（微克）	0.7	鎂（毫克）	12
銅（毫克）	0.04	錳（毫克）	0.49

維他命以及其他營養元素

維他命 A（微克）	5	維他命 E（毫克）	0.71
維他命 B_1（毫克）	0.02	煙酸（毫克）	0.3
維他命 B_2（毫克）	0.03	胡蘿蔔素（微克）	30
維他命 C（毫克）	47		

炒士多啤梨

炒士多啤梨的味道甘甜，具有利水止瀉、潤肺止咳、健脾和胃的功效。

Ready

士多啤梨 500 克
冰糖

把士多啤梨清洗乾淨，去掉蒂，用廚房紙巾擦乾淨上面的水漬備用。

開火，鍋內倒入半碗水，之後把準備好的冰糖放入鍋內加熱，直到冰糖融化。

把清洗乾淨的士多啤梨放入鍋內，不斷翻炒，讓士多啤梨均勻受熱，等士多啤梨變軟、汁液滲出後關火。

把炒好的士多啤梨倒入一個可以密封的容器內，等變涼後密封好，放到冰箱冷藏 7 天左右就可以享用了。

之所以用紙巾將士多啤梨上的水擦拭乾淨，主要是為了延長保存期限。

柿子

學名	柿子
常用名	林柿、朱果、紅柿
外貌特徵	球形、扁圓、似錐形或方形
口感	口感較甜，肉質有軟和硬兩種

柿子在我國的種植歷史已經有 1000 多年了，它種植的歷史很長，食用的歷史自然也不會很短了。

市場上最常見的柿子有三種類型，一種是質地硬、口感甜的柿子；二是質地較硬，口感苦澀的柿子；還有一種是質地軟，口感較甜的柿子。其中第二種柿子通過脫澀的方法能轉變成第三種柿子。在選購時可以選擇第二種柿子，這種柿子容易保存，脫澀後能立即食用。

好柿子，這樣選

NG 挑選法	OK 挑選法
☒ **表皮上佈滿黑點，光澤度較差**——切開後可能已經生蟲，或者腐爛不能吃。	☑ 硬柿子果柄完整
☒ **顏色為青色，質地非常硬**——沒有成熟的柿子，無法食用。	☑ 軟柿子果柄為褐色且比較完整
☒ **果形不端正或畸形、個頭大小不均勻**——可能受到某種激素的影響最好不要購買。	☑ 硬柿子表皮沒有硬傷，沒有蟲眼
☒ **同一個柿子軟硬度差別很大**——味道較差，成熟度不夠，質地較差。	☑ 硬柿子呈橙黃色，外表光滑且完整
	☑ 軟柿子整體完整，表皮沒有黑色的腐敗的斑點
	☑ 軟柿子顏色為黃色，表面光滑且光澤均勻

吃不完，這樣保存

柿子的品種不同，在保存時方法也不太相同。就質地較硬的柿子而言，它們的保存方法比較簡單，且保存的時間也比較長。一般把成熟的、質地較硬的柿子放到陰涼、通風的地方就可以了，這樣大約能保存 2 ～ 5 個月。軟柿子、經過脱澀後的柿子，在保存上比較困難，可以把脱澀變軟的柿子放到冰箱冷藏室，這樣大約能保存 3 ～ 4 天。不過需要注意的是，這些柿子不能疊放在一起，要依次排列開放置。

還可以把變軟的柿子放到冰箱冷凍室製作成凍柿子，這樣不但口感會提升，也能延長保存時間了。另外，還可以把柿子曬成柿餅存放。

為了長時間存儲柿子，一定要把它同香蕉、蘋果、桃子等能釋放乙烯的水果分開，以免造成柿子變軟難以存放。

這樣吃，安全又健康

清洗

在食用之前，要對柿子要進行一次徹底的清洗，這樣才能保證身體安全和健康。 柿子本身的生長時間比較長，在加之生長中常常受到蟲害的咬噬和病害的侵襲，那農藥自然少不了了。因此在吃之前一定要把它清洗乾淨。

“鹽水浸泡法”: 把需要清洗的柿子放到流動的清水中反覆沖洗，之後再把清洗乾淨的柿子放到淡鹽水中浸泡 5 分鐘左右，撈出來用清水再次沖洗就可以吃了，這樣不僅能讓柿子變得乾乾淨淨，還可以起到殺菌的作用。另外，還有人把牙膏放到清水中稀釋好，將柿子放到其中浸泡，並輕輕揉搓清洗，之後再用清水沖洗乾淨。無論使用哪種方法清洗，在清洗時都不要把柿子的果柄去掉，以免對柿子內部造成二次污染。

健康吃法

軟的柿子和硬的甜柿子可以直接吃，它們還是製作果醬或者柿餅的原材料。新鮮柿子中含有豐富的營養物質，具有涼血止血、潤肺化痰、生津止渴、降低血壓、軟化血管等功效。用新鮮柿子製作而成的柿餅在和胃、止血等方面的功效也很顯著。另外，新鮮柿子中果膠的含量也極其豐富，所以在潤腸通便方面功效也不錯，適合便秘的朋友吃。

tips

柿子脫澀的方法：

（1）把柿子同蘋果、山楂、梨等能釋放乙烯的水果放到同一個密封袋內，把袋口紮緊，5~7 天就能吃到軟柿子了。

（2）把需要脫澀的柿子放到瓷質容器中，向其中倒入 45℃的溫水，並讓水溫保持在 35~40℃，把瓷器密封好，16~18 個小時之後就能吃到脆硬的甜柿子了。

營養成分表（每 100 克含量）

熱量及四大營養元素

熱量（千卡）	脂肪（克）	蛋白質（克）	碳水化合物（克）	膳食纖維（克）
71	0.1	0.4	18.5	1.4

礦物質元素（無機鹽）

鈣（毫克）	9	鋅（毫克）	0.08
鐵（毫克）	0.2	鈉（毫克）	0.8
磷（毫克）	23	鉀（毫克）	151
硒（微克）	0.24	鎂（毫克）	19
銅（毫克）	0.06	錳（毫克）	0.5

維他命以及其他營養元素

維他命 A（微克）	20	維他命 E（毫克）	1.12
維他命 B_1（毫克）	0.02	煙酸（毫克）	0.3
維他命 B_2（毫克）	0.02	胡蘿蔔素（微克）	120
維他命 C（毫克）	30		

tips

不要空腹吃柿子，最好在飯後 1 小時再吃，這樣能有效避免在胃中形成胃柿石。很多人吃它的時候喜歡連皮一起吃，其實這樣做是不正確的，因為柿子皮中含有大量鞣酸，而這種物質是形成胃柿石的主要成分。

柿子中含有的單寧會影響體內鐵元素的吸收，所以不要大量吃柿子。另外，柿子中含有大量糖分，所以糖尿病朋友禁食。

柿子果醬

柿子果醬味道甘甜，在健脾和胃、潤肺止咳等方面有不錯的功效。

Ready

柿子 600 克
檸檬 1 個
冰糖 100 克

把柿子用清水沖洗一下，之後剝掉蒂和皮放到砂鍋內。

用餐勺把柿子搗爛，之後放入適量清水，放到火上煮沸。

把檸檬切開，將檸檬汁擠入鍋內，隨即加入冰糖，之後用小火熬製 5 分鐘左右，期間一定要不斷攪動。關火後晾涼，裝入已經消毒的玻璃容器內放到冰箱冷藏室保存就可以了。

煮沸時一定要用小火才可以。

香蕉

學　名	香蕉
常用名	甘蕉、芎蕉、香牙蕉、蕉子、蕉果
外貌特徵	長卵圓形，長有果棱
口　感	果肉甜且滑，香氣濃郁

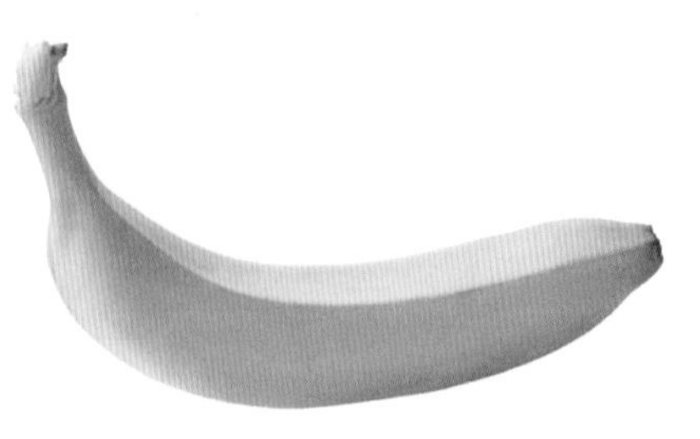

香蕉可以說是除了蘋果和梨之外最常見的水果之一。正是基於此，很多商家就打起了歪主意，把沒有成熟的香蕉採摘下來催熟後販售。雖然催熟的香蕉和自然成熟的香蕉外表上差別不大，不過兩者在口感上卻相差甚遠。不僅如此，食用催熟的香蕉後還有可能影響到身體健康。因此在購買或食用時，一定要加以區別。

在市場上，芭蕉（大蕉）和香蕉是常見的，如何區分兩者呢？第一，外形方面。芭蕉兩端細，中間粗，果皮上長有 3 個棱，一面比較平滑，形狀多為圓缺狀，果柄比較長。香蕉外形多為月牙狀，果皮上長有 5 ～ 6 個棱，果柄相比較短。第二，果肉方面。芭蕉果肉多為乳白色，斷面呈扁圓形，口感甜中帶酸。香蕉果肉顏色也為乳白色，橫斜面則為圓形，味道香甜。

好香蕉，這樣選

NG 挑選法	OK 挑選法
☒ **表皮厚，果實吃起來堅硬，回味有酸味**——沒有成熟或者催熟的。	☑ 果形端正、大小均勻，果柄完整
☒ **顏色為青綠色，果體堅硬**——沒有完全成熟的香蕉，不適合吃。	☑ 表皮鮮黃、兩端稍微有青色
	☑ 表皮光滑或帶有一些黑色的斑點，沒有損傷或裂開
	☑ 用鼻子聞時有濃郁的果香味

NG 挑選法	OK 挑選法
✗ **表皮有損傷或者有大面積的黑色腐爛**——已經變質或者開始腐爛。	☑ 肉質細膩、綿軟，香甜，果皮較薄
✗ **沒有濃郁的果香，甚至有異味**——催熟或還沒有完全成熟的香蕉。	☑ 用手掂量，果實厚實而不是很硬，果身彈性好，捏時不軟
✗ **表皮發黑，果肉很軟，果柄發黑甚至脫落**——已經變質的香蕉。	

吃不完，這樣保存

存儲水果時，首先會想到冰箱，其實香蕉並不能放到冰箱保存，這樣反而會加速它變黑的速度。平常可以把買回的香蕉放到保鮮袋內，然後再裝入一個蘋果，之後把袋內的空氣排出，把袋口紮緊，放到陰涼、通風的地方就可以了。需要注意的是，保存香蕉時溫度要控制在 11 ～ 18℃，同時要遠離暖氣，這樣能保存 7 ～ 8 天的時間。

這樣吃，安全又健康

清洗

平日吃香蕉時會剝掉香蕉外面的黃色果皮直接吃它的果肉，其實這樣做並不能說不正確，不過為了健康和安全著想，在食用之前還是要用清水沖洗一下表皮，這樣在剝掉表皮後，果肉就不會受到二次污染了。

健康吃法

香蕉可以生食，也能用來製作成各種美食，像香蕉粥、香蕉泥或香蕉乾等。新鮮、成熟的香蕉中富含鉀元素，此元素在舒展腿部肌肉方面效果顯著，因此被譽為“美腿高手”。香蕉對降低血壓、預防心血管疾病的作用也很大。另外，失眠的朋友也不妨吃些香蕉，因為香蕉富含蛋白質，而蛋白質中含有的氨基酸在安撫神經方面效果也不錯。眾所週知，香蕉有預防便秘的作用，這主要是因為香蕉中含有的果膠在幫助消化、調理腸胃方面作用顯著。除此之外，想要美白的朋友可以試一試用香蕉和牛奶製作而成的美白“面膜”。

tips

富含營養元素的香蕉並不是所有人都可以吃，像體質偏寒、胃寒、患有腎炎的朋友就不要吃了，因為香蕉屬寒性水果。香蕉中含糖量也很高，所以不適合患有關節炎或者糖尿病的人吃。

另外，空腹也不要吃香蕉，因為香蕉能加快腸道蠕動，進而加速血液循環，加重心臟負荷，誘發心肌梗塞。

營養成分表（每 100 克含量）

熱量及四大營養元素

熱量（千卡）	脂肪（克）	蛋白質（克）	碳水化合物（克）	膳食纖維（克）
91	0.2	1.4	22	1.2

礦物質元素（無機鹽）

鈣（毫克）	7	鋅（毫克）	0.18
鐵（毫克）	0.4	鈉（毫克）	0.8
磷（毫克）	28	鉀（毫克）	256
硒（微克）	0.87	鎂（毫克）	43
銅（毫克）	0.14	錳（毫克）	0.65

維他命以及其他營養元素

維他命 A（微克）	10	維他命 E（毫克）	0.24
維他命 B_1（毫克）	0.02	煙酸（毫克）	0.7
維他命 B_2（毫克）	0.04	胡蘿蔔素（微克）	60
維他命 C（毫克）	8		

美味你來嚐

香蕉粥

香蕉粥味道較甜，具有清熱、潤肺、降血壓等功效。

Ready

香蕉 1 根
大米 50 克

把大米用水清洗乾淨備用；把香蕉皮剝掉，切成片備用。

向鍋內倒入 800 毫升清水，煮沸後把大米放入鍋內，大火煮沸後調成小火再煮 15 分鐘左右。

把切好的香蕉倒入鍋內，之後用勺子不停地攪拌，直到粥變稠，關火後趁熱食用就可以了。

不停攪拌能加快粥變稠的速度。

奇異果

學　　名	獮猴桃
常用名	藤梨、陽桃、白毛桃、毛梨子、布冬、獮猴梨、羊桃、幾維果、木子、毛木果、奇異果
外貌特徵	橢圓形，表皮深褐色有細毛
口　　感	肉質柔軟，集士多啤梨、鳳梨、香蕉，三種水果的口感於一體

一般來説，自然成熟的奇異果質地很軟，不過市場上販售的奇異果為了運輸方便，果實都比較堅硬。因此在選購時，一定要選軟硬適度的果實，也就是説一個奇異果整體軟硬差不多，不要選擇一塊變軟一塊還很堅硬的果實，這樣的果實有可能已經變質。如果買回去就要食用，那一定要選擇質地較軟的果實，因為堅硬的奇異果不能直接吃。

好奇異果，這樣選

NG挑選法	OK挑選法
☒ **果實顏色青綠**——可能果實沒有成熟，口感較澀。	☑ 果實散發著香氣
☒ **果形畸形或者為扁扁的鴨嘴狀**——用過激素的，不宜選購。	☑ 果蒂為鮮綠色，週圍顏色較深
☒ **果實太大或者太小**——果實太大甜味不足，太小可能沒有完全成熟。	☑ 果皮黃褐色，有均勻的光澤
☒ **果實整體發軟或者氣鼓鼓的，沒有任何彈性也沒有香氣**——熟過或者已經變質。	☑ 表皮沒有損傷，細毛不容易脱落
	☑ 果形端正，大小均勻，頭部較尖
	☑ 果實整體質地堅硬，果肉飽滿

吃不完，這樣保存

一般來說，果實較為堅硬的奇異果保存起來比較方便，可以把它依次排列到紙箱內，然後把箱子口蓋好，放到陰涼處就可以了，這樣能保存 2~3 個月。需要注意的是，一定不要把它放到通風良好的地方，因為這樣會讓果實內部的水分加速流失，影響口感。變軟的奇異果保存起來並不容易，可以把它放到冰箱冷藏室保存，不過一定要儘快食用完畢。另外，堅硬的奇異果也可以放到冰箱冷藏室保存，食用之前拿出來放到密封的容器內催熟就可以了。

無論怎麼保存奇異果，在保存時一定要將軟奇異果和硬奇異果分開存放。

這樣吃，安全又健康

清洗

很多人在吃奇異果之前只會簡單沖洗一下，其實這樣做非常不正確，因為奇異果的植株較低矮，果實多汁，很容易被微生物和細菌入侵，此外還會受到農藥的侵害，所以食用之前清洗是不可缺少的步驟。

把需要清洗的奇異果用流動的清水反覆沖洗，之後把清洗好的奇異果放到淡鹽水中浸泡 5 分鐘左右，之後把它再次用清水沖洗一下就可以吃了。清洗時要注意，不要把奇異果的果蒂摘除，以免殘留物進入果實內部，造成再次污染。

健康吃法

完全成熟的奇異果可以直接食用，不過它還能製作成美味的食品，像奇異果蜜餞、乾果等。新鮮的奇異果被稱為“維 C 之王”，因此患有維他命缺乏症的朋友可以多吃一些。它含有的氨基酸等物質能促進生長素分泌，很適合身體正在生長發育的孩子吃。想要補充維他命 E，在吃奇異果時就要連黑色的籽一起吃掉。另外，想要減肥和美顏的朋友也可以吃奇異果，因為它的營養最為全面，且熱量和糖分的含量也比較低。

變軟的奇異果吃起來並不方便，可以用刀子把奇異果切開後用勺子挖著吃。

tips

果實堅硬無比的奇異果並不能直接吃，因為此時它含有的蛋白酶會將口腔和舌頭黏膜上的蛋白質分解掉，進而引起口腔不適。

堅硬的奇異果可以和蘋果或香蕉等成熟的水果放到同一個袋子內，把袋口紮緊後來催熟。一般 57 天後就可以吃了。

營養成分表（每 100 克含量）

熱量及四大營養元素

熱量（千卡）	脂肪（克）	蛋白質（克）	碳水化合物（克）	膳食纖維（克）
56	0.6	0.8	14.5	2.6

礦物質元素（無機鹽）

鈣（毫克）	27	鋅（毫克）	0.57
鐵（毫克）	1.2	鈉（毫克）	10
磷（毫克）	26	鉀（毫克）	144
硒（微克）	0.28	鎂（毫克）	12
銅（毫克）	1.87	錳（毫克）	0.73

維他命以及其他營養元素

維他命 A（微克）	22	維他命 E（毫克）	2.43
維他命 B_1（毫克）	0.05	煙酸（毫克）	0.3
維他命 B_2（毫克）	0.02	胡蘿蔔素（微克）	130
維他命 C（毫克）	62	葉酸（微克）	36

奇異果冰沙

奇異果冰沙爽口，具有清熱解暑、提升身體免疫力的作用。

Ready

奇異果 3 個
牛奶 300 毫升

把奇異果去皮。

把去皮後的奇異果放到攪拌機中，加入牛奶和白砂糖攪打成果泥。

把果泥放入保鮮盒內，之後放到冰箱冷凍室冷凍。

把冷凍好的果泥拿出來，切成小塊就可以吃了。

冷凍時會有水分析出凍成冰渣，想要冰沙的口感更加細膩，可以把凍好的冰沙再次用攪拌機打碎。

火龍果

學名	火龍果
常用名	紅龍果、龍珠果、仙蜜果、玉龍果
外貌特徵	長圓形或橢圓形
口感	熱帶沙漠地區

火龍果是一種熱帶水果，原產於中美洲的熱帶沙漠地區。為保持火龍果的新鮮，最好現買現吃。

好火龍果，這樣選

OK 挑選法

☑ 看形狀：選擇圓圓胖胖的，水分多，又甜又好吃。

☑ 看顏色：表面紅綠分明，紅色部分越紅說明越成熟，綠葉部分越翠綠說明越新鮮。

☑ 捏軟硬：挑選軟硬適中的火龍果，成熟的程度也適中。

☑ 憑手感：挑選最沉最重的火龍果，密度越大，汁越多，果肉越豐滿。

吃不完，這樣保存

新鮮的火龍果因為表層有一層蠟質的皮層，可以在常溫下置於陰涼乾燥處存放半個月，如果是氣候寒冷的冬季，氣溫降至 15℃左右則可保存長達一個月之久。

切開後的火龍果應儘快食用，如果需要儲存，可以用保鮮膜包好，放入冰箱冷藏，但保鮮的時間也不會很長，所以最好還是儘快食用。

這樣吃，安全又健康

清洗

購買以後最好先清洗一下表皮再切開吃比較好，清洗的時候不用太費力，只需用清水沖洗乾淨即可。

食用禁忌

因為火龍果富含維他命 C 與牛奶中的蛋白質混合會引起沉降，甚至中毒，所以吃火龍果時不宜喝牛奶。火龍果屬涼性水果，寒性體質者不宜多食，而且女性在月經期間也不宜食用，可能會加重痛經。另外值得注意的是，火龍果雖然不太甜卻富含糖分，糖尿病人不宜多食。

健康吃法

火龍果無論是作為新鮮水果直接食用還是做成果汁、果醬都非常的營養美味。火龍果和蜂蜜的搭配可以説得上是絕配，這樣的搭配不僅可以消除火龍果中原有的澀味，還能夠促進蜂蜜中蛋白質的攝入量，使營養搭配更加均衡、合理。

tips

防止血管硬化、排毒護肝、美容養顏、預防貧血和便秘等。

切紅色火龍果時要小心，不要把汁液濺到衣服上。因為火龍果的紅色汁液還被用於製作色素，如果染到衣服上不易清洗

營養成分表（每 100 克含量）

熱量及四大營養元素

熱量（千卡）	脂肪（克）	蛋白質（克）	碳水化合物（克）	膳食纖維（克）
51	0.2	1.1	13.3	2

礦物質元素（無機鹽）

鈣（毫克）	7	鋅（毫克）	0.29
鐵（毫克）	0.3	鈉（毫克）	2.7
磷（毫克）	35	鉀（毫克）	20
硒（微克）	0.03	鎂（毫克）	30
銅（毫克）	0.04	錳（毫克）	0.19
碘（微克）	0.4		

維他命以及其他營養元素

維他命 A（微克）	-	維他命 E（毫克）	3
維他命 B_1（毫克）	0.03	煙酸（毫克）	0.14
維他命 B_2（毫克）	0.02	胡蘿蔔素（微克）	0.22
維他命 C（毫克）	0.04	葉酸（微克）	-

美味你來嚐

香芒火龍果西米露

鮮紅奪目的果肉配上晶瑩剔透的西米，再加上生津益脾的芒果，真是一道美味。

Ready

火龍果 1 個
西米小半碗
芒果半個
椰子粉 20 克

鍋中放水燒開，加入西米，轉中火，邊煮邊攪拌。

西米煮熟後，盛出瀝乾水分，備用。

椰子粉用溫開水調成椰子汁，加入西米，浸泡半小時，放入冰箱冷藏。

將切開的火龍果果肉和芒果放入杯子中，倒入冷藏的椰子汁，再插上吸管和小勺，就大功告成了。

人參果

學名	香瓜茄
常用名	仙果、香豔梨、豔果
外貌特徵	心形或者橢圓形，金黃色外皮上分佈著紫色條紋
所處地帶	南美洲或中亞熱帶地區

傳說有長生不老功效的人參果不單單存在於小說中，現實生活中亦能找到它的身影。人參果屬茄科植物，原產於南美洲。為了吃到新鮮的人參果，最好現吃現買。

好人參果，這樣選

OK 挑選法

- ☑看大小：選擇個頭較大的果實，汁液充足，口感較甜。
- ☑看顏色：表皮黃色，上面有紫色的細紋，說明已經完全熟透。
- ☑看外形：表皮完整，沒有機械性損傷或者腐敗的跡象，這樣的果實較為新鮮
- ☑看果蒂：果蒂新鮮，沒有乾枯的跡象，說明果實是剛剛採摘下來的

吃不完，這樣保存

在儲存時，要把人參果放到陰涼、通風且沒有光照的地方。如果把新鮮的人參果用白紙包裹住，放到冰箱保鮮室保存也可以，這樣保存的時間會比較長。

另外，切開後的人參果要儘快食用完畢，以免腐敗變質。

這樣吃，安全又健康

清洗

買回的人參果需要認真清洗。把需要清洗的人參果放到淡鹽水中浸泡 5 分鐘左右，之後用手輕輕搓洗，最後撈出再用清水沖洗一下就可以吃了。

食用禁忌

買回的人參果需要認真清洗。把需要清洗的人參果連同蒂一起放到淡鹽水中浸泡 5 分鐘左右，之後用手輕輕搓洗，最後撈出再用清水沖洗一下就可以吃了。

健康吃法

已經完全熟透的人參果非常適合生吃。需要注意的是，生吃時最好連皮一起吃掉。除了生吃之外，它還可以製作成罐頭、果醬、果汁等美味的食品。不僅如此，它還是不錯的蔬菜呢，既可燜、炸，也可以燉、煮，如果它能和豬肉或者羊肉搭配，還可以達到健脾和胃的功效呢！

人參果的功效：

抗衰老、抗腫瘤，降低血糖、控制血壓，提升身體免疫力和智力，還有減肥、美白等美容功效等。

營養成分表（每 100 克含量）

熱量及四大營養元素

熱量（千卡）	脂肪（克）	蛋白質（克）	碳水化合物（克）	膳食纖維（克）
80	0.7	0.6	21.2	3.5

礦物質元素（無機鹽）

鈣（毫克）	13	鋅（毫克）	0.09
鐵（毫克）	0.2	鈉（毫克）	7.1
磷（毫克）	7	鉀（毫克）	100
硒（微克）	1.86	鎂（毫克）	11
銅（毫克）	0.04	錳（毫克）	0.13

維他命以及其他營養元素

維他命 A（微克）	8	維他命 E（毫克）	-
維他命 B_1（毫克）	-	煙酸（毫克）	0.3
維他命 B_2（毫克）	0.25	胡蘿蔔素（微克）	50
維他命 C（毫克）	13		

人參果炒肉片

這道佳餚放入肉片後讓蛋白質的含量均衡，同時還能達到抗衰老、美容等功效。

Ready

人參果 250 克
肉片 100 克
精鹽
料酒
蔥花
薑末
醬油
油

把人參果清洗乾淨，去掉蒂後切成片備用，把肉片放入適量醬油攪拌均勻後醃製片刻。

開火向鍋內倒入適量油，油稍微熱後把肉放入鍋內翻炒，等肉片七八分熟後倒入切好的人參果片翻炒。

把準備好的調料依次放入鍋內調味，炒熟後即可出鍋享用了。

醃製後，不但豬肉的口感會更好，顏色也相對好看些

百香果

學　　名	百香果
常 用 名	熱情果、紫果西番蓮、雞蛋果、 藤石榴、西番蓮
外貌特徵	卵球形，紫色或黃色
所處地帶	熱帶、亞熱帶地區

百香果是一種熱帶水果，味道芳香宜人，酸甜可口。百香果中含有的芳香物質多達132種，所以它又被譽為"果汁之王"。

好百香果，這樣選

OK 挑選法

☑ 看形狀：選擇卵圓形近乎圓形，自然成熟，汁液豐富，味道酸甜。

☑ 看外形：外形端正，沒有突起或者畸形，自然成熟，味道酸甜可口。

☑ 看顏色：自然成熟的百香果外形多為紫紅色，綠色逐漸退去。

☑ 聞味道：自然成熟且新鮮的百香果有濃郁的香氣。

吃不完，這樣保存

百香果的果肉被一層厚厚的外皮包裹著，所以存儲時把它放到陰涼、通風、避免陽光直射、乾燥的地方就可以。需要注意的是，在存儲時一定不要把它用密封袋層層包裹著，尤其是放到冰箱保鮮室存儲時。

存放一段時間後，百香果的表皮可能會出現凹陷的情況，不要著急，這是正常現象。一旦出現此狀況，説明百香果的口感變得更加甜美了。

這樣吃，安全又健康

清洗

購買以後最好先清洗一下表皮再切開吃，清洗的時候不用太費力，只需用清水沖洗乾淨即可。

食用禁忌

百香果性溫和，一般人都可以吃。不過它含有大量果酸和膳食纖維，對腸道消化大有好處，所以患有消化系統疾病的朋友最好不要吃。另外，它還含有大量維他命 C，在吃它的時候儘量不要再吃含有維他命 C 分解酶的蔬果，比如黃瓜等。

健康吃法

百香果既可以生吃，也可以製作成果汁、果醬等美味。生吃時用刀子將果實切開，用勺子把果肉挖出來就可以享用了。製作飲品時，既可以混合茶水、牛奶和其他果汁，也可以直接加水或者冰飲用，味道都是不錯的。此外，製作酸甜口感的糕點時，也可以用它調味。不僅如此，它還是很好的除味劑，既可以去除肉類的腥味，也可以防止冰箱內食物串味。

百香果的功效：

生津止渴、提升醒腦，促進消化，降低血脂和血壓，預防動脈硬化，抗衰老、美容養顏等。

營養成分表（每 100 克含量）

熱量及四大營養元素

熱量（千卡）	脂肪（克）	蛋白質（克）	碳水化合物（克）	膳食纖維（克）
50	0.1	0.2	12	-

礦物質元素（無機鹽）

鈣（毫克）	2	鋅（毫克）	0.06
鐵（毫克）	0.1	鈉（毫克）	9.7
磷（毫克）	3	鉀（毫克）	65
硒（微克）	-	鎂（毫克）	3
銅（毫克）	0.01	錳（毫克）	0.03

維他命以及其他營養元素

維他命 A（微克）	-	維他命 E（毫克）	-
維他命 B_1（毫克）	-	煙酸（毫克）	0.17
維他命 B_2（毫克）	0.03	胡蘿蔔素（微克）	-
維他命 C（毫克）	12		

青橘百香果茶

這道飲品酸甜可口，是一道不錯的開胃茶。

Ready

百香果 2 個
青橘 2 個
檸檬 1 個
蜂蜜
水

如果有青檸檬，最好選擇青檸檬。

把百香果清洗乾淨，切開後將果肉挖出來放入鍋內。

開火稍煮片刻，之後倒入大玻璃瓶內，同時把青橘切開放進去。

向準備好的水中擠入適量檸檬汁，攪拌均勻後倒入玻璃瓶內。

混合均勻後，調入適量蜂蜜就可以飲用了。

石榴

學名	石榴
常用名	安石榴、山力葉、丹若、若榴木、金罌、金龐、塗林 、天漿
外貌特徵	圓形或扁圓形，底部有向外突出的蒂
口感	肉質鮮嫩，果汁充盈，甜中帶酸

石榴猶如大紅的燈籠掛在枝頭，讓人垂涎三尺。一定不要被它美麗的外表蒙蔽雙眼，因為很多果農在種植期間為了防止蟲蛀會噴灑農藥。因此為了身體健康和安全，在購買和食用石榴時一定要掌握一些健康常識，以防身體受到傷害。

市面上常見的石榴個頭都比較大， 甚至一些已經裂開了，在挑選時最好選擇表皮完整的石榴，這樣能有效避免細菌進入石榴內部造成污染。此外，除了常常食用的甜石榴之外，還有一種藥用的酸石榴，在購買時一定要認真區分。

好石榴，這樣選

NG 挑選法	OK 挑選法
☒ **表皮厚、粗糙**——石榴的品質較次，採摘的時間可能比較長。	☑ 果形端正、果柄完整
☒ **帶有蟲眼或者表皮有黃黑色斑點**——切開後可能有蟲子，或者石榴內部已經變質腐爛。	☑ 表皮光澤均勻，鮮亮，緊繃
☒ **果皮較為鮮豔，果形較小**——味道酸且澀、內部的籽較小。	☑ 表皮光滑，沒有黑色的斑點
☒ **用手掂量時質地較輕**——汁液不夠飽滿。	☑ 用手掂量時有一定重量
	☑ 籽粒飽滿，汁液豐富，內部的籽較小

吃不完，這樣保存

石榴有一層堅硬的表皮，似乎很容易保存，其實不然，如果選擇的保存方法不正確，不但不能保證石榴鮮美的口感，還有可能讓石榴水分流失，甚至變質。一般在保存時，可以把石榴放到陰涼、通風、昏暗的地方，比如櫥櫃內。不過要注意，保存之前一定不要清洗它。另外，還可以把已經完全成熟的石榴，裝入保鮮袋內密封好後放到冰箱冷藏室保存。不過要注意，溫度要控制在 2 ～ 3℃，最高不能超過 5℃。

這樣吃，安全又健康

清洗

一般來說，石榴在食用之前不用清洗，不過為了健康著想，在食用之前可以用清水沖洗一下，這樣在剝開皮食用時會比較乾淨。

健康吃法

石榴生吃味道很不錯，不過這只針對甜石榴而言，如果是藥用的酸石榴那最好還是不要生食了。很多人在吃石榴時只單純地吮吸它的汁液，殊不知種子的營養價值也很好，最好連籽一起吞下去。石榴中花青素和紅石榴多酚的含量很高，具有為肌膚補充水分的功效，愛美的女士不妨多吃一些。此外，它含有的花青素還具有明目的功效呢。不僅如此，石榴還具有開胃消食、延緩動脈硬化的作用。而石榴酒還具抗衰老和抗癌變的作用。需要注意的是，在吃石榴的同時就不要再吃番茄、螃蟹了，以免影響身體健康。

快速剝石榴皮的方法：

1. 用刀子在石榴的頂部按照環狀切開，之後把切下來的部分拿掉。注意不要切得太深。
2. 在石榴的表皮上沿著石榴內部的白色薄膜依次劃開，注意不要劃得太深。
3. 沿著劃開的口子，把石榴輕輕掰開就完成了。

營養成分表（每 100 克含量）

熱量及四大營養元素

熱量（千卡）	脂肪（克）	蛋白質（克）	碳水化合物（克）	膳食纖維（克）
63	0.2	1.4	18.7	4.8

礦物質元素（無機鹽）

鈣（毫克）	9
鐵（毫克）	0.3
磷（毫克）	71
硒（微克）	-
銅（毫克）	0.14
鋅（毫克）	0.19
鈉（毫克）	0.9
鉀（毫克）	231
鎂（毫克）	16
錳（毫克）	0.17

維他命以及其他營養元素

維他命 A（微克）	-
維他命 B_1（毫克）	0.05
維他命 B_2（毫克）	0.03
維他命 C（毫克）	9
維他命 E（毫克）	4.91
煙酸（毫克）	-
胡蘿蔔素（微克）	-

美味你來嚐

石榴蓮子銀耳羹

這道羹味道酸甜，在生津止渴、降低血壓、養心安神、止瀉方面有很好的功效。

Ready

石榴 1 個
乾銀耳 10 克
蓮子 30 克
冰糖

把銀耳和蓮子放入水中泡發好；把石榴去皮後剝出石榴籽。

把石榴籽放入榨汁機中榨出汁液，濾出石榴汁。

在鍋內放入適量清水煮沸，把泡發好的銀耳和蓮子放入鍋內煮至軟，之後把石榴汁和冰糖放入鍋內，攪拌均勻後就可以出鍋享用了。

冰糖可以根據自己的口感來添加，沒有確切的分量。

醋栗

學　名	醋栗
常用名	燈籠果、狗葡萄、山麻子
外貌特徵	圓形或橢圓形，黃綠色、紅色，有縱向維管束
所處地帶	溫帶地區

遠看枝頭上的醋栗猶如一個個小燈籠，因此又被稱為燈籠果。燈籠果果皮較薄，果肉透明，不但保存起來困難，選購時也不是很容易。

好醋栗，這樣選

OK 挑選法

- ☑ 看形狀：選擇圓形或者橢圓形，表皮有均勻光澤的果實。
- ☑ 看顏色：表皮黃綠色或者紅色，果實成熟度較高，青綠色則是沒有成熟的。
- ☑ 看果肉：果肉透明、厚實，能看到明顯的維管束，果實新鮮、汁液豐富。
- ☑ 看表皮：表皮完整沒有機械性損傷，沒有腐敗的痕跡。

吃不完，這樣保存

最好把新鮮的醋栗放到冰箱保存，溫度要控制在 0~4℃，這樣能長時間保存。如果購買的不是很多，可以直接把它放到常溫下保存，一般能放 4~5 天的時間。

這樣吃，安全又健康

清洗

醋栗的果皮較薄，生長期間也容易受到蟲害和農藥的侵襲，因此在清洗時可以放到淡鹽水中浸泡 5 ～ 10 分鐘，之後再用清水沖洗乾淨即可。

食用禁忌

因為醋栗中含有豐富的維他命 C，而維他命 C 容易與牛奶中的蛋白質混合形成沉澱，導致中毒，因此吃醋栗時就不要喝牛奶了。此外，消化系統不是很好的人也儘量不要吃醋栗。不過醋栗的含糖量非常低，比較適合血糖高和患有糖尿病的朋友吃。

健康吃法

不要看醋栗個頭小，但卻蘊藏著豐富的營養元素。它含有多種維他命、礦物質元素和氨基酸，能為人體提供多種營養元素。要想讓醋栗的營養價值得到充分發揮，可以把它製作成醋栗酒。用它製作成美味的糕點也是不錯的選擇。

醋栗最佳的吃法當然是非生食莫屬了。

tips

醋栗的功效：

軟化血管、降低血壓和血脂，提升身體免疫力，預防癌症，保護胃腸黏膜等。

營養成分表（每 100 克含量）

熱量及四大營養元素

熱量（千卡）	脂肪（克）	蛋白質（克）	碳水化合物（克）	膳食纖維（克）
44	0.6	0.9	10.2	1.9

礦物質元素（無機鹽）

鈣（毫克）	25	鋅（毫克）	0.12
鐵（毫克）	0.3	鈉（毫克）	1
磷（毫克）	27	鉀（毫克）	198
硒（微克）	-	鎂（毫克）	10
銅（毫克）	0.07	錳（毫克）	0.14

維他命以及其他營養元素

維他命 A（微克）	-	維他命 E（毫克）	-
維他命 B_1（毫克）	0.04	煙酸（毫克）	0.3
維他命 B_2（毫克）	0.03	胡蘿蔔素（微克）	-
維他命 C（毫克）	28		

醋栗果醬

鮮紅奪目的果醬不但味道鮮美，營養也很高，具有軟化血管、提升免疫力的作用。

Ready

醋栗 500 克
白糖 250 克

在熬煮時不要加水，只要煮沸 5 分鐘就有水出來了。

醋栗和白糖的比例以 2:1 為最佳。

把醋栗清洗乾淨，瀝乾水分後放入鍋內。

把準備好的白糖放入鍋內，攪拌均勻備用。

把鍋放在火上加熱煮沸，煮沸後調成小火慢慢熬煮變稠為止。

把熬煮好的果醬裝入消毒後的玻璃瓶中，蓋上蓋子後倒過來放置，這樣能很好地防止空氣進入。

Part 3
核果類

李子

學　名	李子
常用名	麥李、脆李、金沙李、嘉慶子、李實、嘉應子
外貌特徵	球形、卵球形或近圓錐形
口　感	肉質肥厚，酸甜可口

提到李子，很多人嘴巴內會不自覺地分泌唾液。李子的確有些酸，不過還是贏得了眾人喜愛。然而它的質量也讓人很擔憂，因為市場上很多李子口感發澀，甚至無法食用。所以在挑選李子時要特別留意。

市場上販售的李子因品種不同顏色也略有差別。一般而言，主要有三種顏色：紫色、黃色和紅色。紫色李子果實較大，顏色為紫黑色，表面密佈白粉者最好；黃色的李子以果肉肥厚，質地較軟，有一定彈性者為最佳；紅色的李子要選顏色紅且發亮，果實透明，有彈性的。

好李子，這樣選

NG 挑選法	OK 挑選法
☒ **形狀怪異，表面粗糙**——質量較次的李子，不要購買。	☑ 汁液飽滿，口感酸中帶甜
☒ **用手捏時，果實生硬或非常軟**——沒有成熟或成熟度太高。	☑ 形狀較小且圓滑
☒ **嚐時苦澀味較濃重**——沒有成熟的李子，不要選購。	☑ 色澤鮮亮，表面光滑
☒ **把李子放到水中長時間漂浮**——沒有成熟或是有毒的李子，不要購買。	☑ 用手輕輕捏，果肉較肥厚，軟硬適中

吃不完，這樣保存

完全成熟的李子很難保存；在常溫下放置，隔夜便會口感大打折扣。所以在保存時，一定要把完好無損的李子放到陰涼處才可以。需要注意的是，保存前不可以清洗李子。

另外，還會選用冰箱保存。在用此方法時，要挑選完好無損、沒有蟲眼、去掉果蒂的李子，然後按照一定順序裝入密封袋內，抽取空氣後，放到冰箱冷藏室，溫度保持在 1℃左右。這種方法能保存 2~3 個月之久。

這樣吃，安全又健康

清洗

在食用之前，為了確保吃到健康、安全的李子，一定要對它認真清洗。

很多果農為了防治蟲害，在李子生長期間會噴灑農藥，因此，李子的表皮或多或少會殘留農藥的成分，所以，為了把李子徹底清洗乾淨，可以是試一試下面的方法：

"鹽水消毒法"：先把李子用清水沖洗，並用軟毛的刷子輕輕刷洗，然後放入淡鹽水中浸泡片刻，撈出後用清水再次沖洗一下即可。

"麵粉去污法"：把李子先用清水沖洗一下，然後放到混合了麵粉的水中，輕輕攪動片刻，之後撈出來用清水沖洗乾淨，這樣就能很好地將表皮上的髒東西清洗掉了。

健康吃法

李子可以直接生食，雖然口感稍酸，不過卻能促進腸胃消化、提升食慾，所以適合大便秘結、餐後腹脹的朋友吃。不僅如此，李子中含有多種氨基酸，很適合患有肝硬化腹水的朋友生吃。此外，李子和冰糖也是絕妙的搭配，把兩者一起燉煮，能達到利咽潤喉的作用，比較適合經常用嗓的人吃。

tips

李子雖然營養豐富，但並不適合所有人吃。李子果酸含量較高，大量食用會傷及脾胃，因此不適合患有胃炎、胃潰瘍、慢性胃炎的朋友吃。大量食用李子還會生痰甚至損傷牙齒。

此外，沒有成熟的李子不能吃。李子同鴨肉、蜂蜜、雞蛋、雞肉等一起食用會損傷五臟。

營養成分表（每 100 克含量）

熱量及四大營養元素

熱量（千卡）	脂肪（克）	蛋白質（克）	碳水化合物（克）	膳食纖維（克）
36	0.2	0.7	8.7	0.9

礦物質元素（無機鹽）

鈣（毫克）	8	鋅（毫克）	0.14
鐵（毫克）	0.6	鈉（毫克）	3.8
磷（毫克）	11	鉀（毫克）	144
硒（微克）	0.23	鎂（毫克）	10
銅（毫克）	0.04	錳（毫克）	0.16

維他命以及其他營養元素

維他命 A（微克）	25	維他命 E（毫克）	0.74
維他命 B_1（毫克）	0.03	煙酸（毫克）	0.4
維他命 B_2（毫克）	0.02	胡蘿蔔素（微克）	150
維他命 C（毫克）	5		

美味你來嚐

冰糖李子

冰糖李子冷凍後味道會更佳，不僅如此，它在消食、生津止渴、健脾方面有不錯的功效。

Ready

李子 7 顆
冰糖

把李子清洗乾淨，去皮去核後備用。

把準備好的李子放入碗中，加入適量冰糖。

把碗放入蒸鍋內蒸 20 分鐘。

等冰糖溶化後，晾涼放入冰箱冷藏室即可。

車厘子

學　　名	櫻桃
常 用 名	鶯桃、含桃、荊桃、朱櫻、朱果、櫻珠
外貌特徵	近圓形，果蒂處向內凹陷
口　　感	肉質細嫩，口感酸甜

紅彤彤的車厘子無時無刻不透露著它誘人的魅力，讓很多食客對它欲罷不能。不過外表好看不代表一定安全、健康。正因為喜歡的人多，很多商家會選用化學藥品來保持車厘子漂亮的外形，而這也為選購車厘子增加了難度。市場上常見的車厘子有兩種顏色，一種是鮮紅色，口感比較酸，一種是暗紅色或者棗紅色，口感則比較甜，可以根據自己的喜好選擇。

好車厘子，這樣選

NG 挑選法	OK 挑選法
☒ **顏色異常鮮紅**——口感比較酸。	☑ 表皮舒展，有一定硬度，沒有褶皺
☒ **用手捏時很軟，沒有彈性**——可能已經變質或者熟過了。	☑ 果蒂青綠色，蒂部向內凹陷得很深
☒ **表皮有褶皺或者蟲眼**——褶皺說明脫水或者變質了，有蟲眼的切開後會腐爛。	☑ 色澤深紅或者暗紅色，表面有均勻的光澤
☒ **果蒂發黑**——可能已經變質或者採摘時間較長了。	☑ 用手輕捏時，果實較厚，有彈性
	☑ 表皮乾燥，沒有機械性損傷或者腐敗的霉斑

吃不完，這樣保存

車厘子雖然色澤鮮豔誘人，但是保存起來卻很麻煩，一旦保存方法不正確，1～2天就會讓它口感大大下降，甚至完全變質。其實要想讓車厘子保鮮也不是沒有可能，可以把車厘子裝入保鮮袋內，完全密封後，放到冰箱冷藏室保存。冷藏室的溫度最好控制在1℃左右。採用上面這種方法能讓車厘子保存3～4天的時間。如果是冬季，可以把車厘子裝入袋子內，密封好後放到陰涼、通風、避光的地方存放。值得注意的是，在保存之前一定不要清洗車厘子，因為清洗後會加快它腐敗的速度。

這樣吃，安全又健康

清洗

車厘子生長過程中，果農為了防治病蟲害會噴灑一些農藥，所以車厘子表皮會殘留一些農藥的成分，因此為了保證車厘子乾淨，清洗是不可缺少的。清洗時可以試試下面的方法：

把需要清洗的車厘子放到盛有清水的盆子內浸泡片刻，之後再放到稀釋了食用鹼的水中或者淘米水中浸泡，之後用手輕輕揉搓，把車厘子表面的髒東西清洗掉，最後再撈出用清水沖洗兩次即可。如果是孩子食用，那可以用涼開水或蒸餾水沖洗。之所以用食用鹼或淘米水清洗，那是因為它們呈鹼性能有效清除車厘子表面殘留的酸性農藥，清洗得更加乾淨。另外，還可以用淡鹽水浸泡，這樣能有效殺死車厘子表皮上的有害生物。

健康吃法

車厘子作為水果可以直接生吃，既有養顏美容的功效，又可以達到健脾和胃的作用；不過不可大量食用，以每天10～15顆為佳。除了生吃之外，車厘子還可以製作果醬、美酒、果汁等，不同的美味有不同的功效呢。比如車厘子果醬在生津止渴、調中益氣方面就有不錯的效果，車厘子汁則具有滋潤皮膚的作用，而車厘子酒則在祛風濕、活血止痛方面效果顯著。

tips

車厘子雖然營養豐富，但也要分人群食用。它含有豐富的鉀鹽和糖，因此不適合腎病和糖尿病朋友吃。車厘子屬熱性水果，因此患有熱性病和虛熱咳嗽的人最好遠離。

此外，車厘子果核含有氰甙，遇水後會分解成有毒的氫氰酸，容易導致中毒。

營養成分表（每100克含量）

熱量及四大營養元素

熱量（千卡）	脂肪（克）	蛋白質（克）	碳水化合物（克）	膳食纖維（克）
46	0.2	1.1	10.2	0.3

礦物質元素（無機鹽）

鈣（毫克）	11
鐵（毫克）	0.4
磷（毫克）	27
硒（微克）	0.21
銅（毫克）	0.1
鋅（毫克）	0.23
鈉（毫克）	8
鉀（毫克）	232
鎂（毫克）	12
錳（毫克）	0.07

維他命以及其他營養元素

營養元素	含量
維他命A（微克）	35
維他命 B_1（毫克）	0.02
維他命 B_2（毫克）	0.02
維他命C（毫克）	10
維他命E（毫克）	2.22
煙酸（毫克）	0.6
胡蘿蔔素（微克）	210

美味你來嚐

糖水車厘子

酸甜可口的糖水車厘子清涼爽口，在補氣益腎、潤肺止咳等方面有不錯的功效。

Ready

車厘子 250 克
蜂蜜
白糖

把車厘子清洗乾淨，瀝乾水分。

把車厘子掰開，取出果核留果肉備用。

向車厘子肉中放入適量白糖醃製 60 分鐘左右。

把適量蜂蜜倒入碗中，調入適量清水攪拌均勻。

向蜂蜜水中加入適量白糖攪拌均勻後，放入冰箱冷藏室。

把醃製好的車厘子肉倒入冷藏好的蜂蜜水，攪拌均勻後就可以享用了。

青梅

學名	梅子
常用名	青皮、青梅
外貌特徵	球形
所處地帶	亞熱帶、熱帶濕潤地區

梅子原產於中國，在日本和韓國也廣泛種植。夏季結果，果實青色，故名青梅。青梅不耐保存，最好現買現吃。

好青梅，這樣選

OK 挑選法

☑看形狀：果形端正，表皮沒有損傷或者蟲眼，質量較為上乘。

☑看顏色：表面青綠色的，果實較為新鮮。

☑捏軟硬：挑選質地較為堅硬，用手按壓時稍有彈性，果肉豐滿，汁液豐富。

吃不完，這樣保存

一般會把青梅裝入保鮮袋放入冰箱冷藏保存，不過這樣很容易變質。為了長期保存它，可以把需要保存的青梅清洗乾淨，瀝乾水分後裝入保鮮袋紮緊袋口後放入冰箱冷凍室保存。另外，也可以用曬乾或者醃製的方法保存青梅。

這樣吃，安全又健康

清洗

青梅的外表可能殘留著農藥殘留物或者病菌，所以在食用之前可以用淡鹽水或者混合了麵粉的水清洗，然後再用清水沖洗乾淨就可以了。

食用禁忌

青梅雖然有改善腸胃功能的作用，但是它的酸性含量極高，因此食用時需適量。

健康吃法

青梅雖然口感很酸，不過依然可以直接生吃，尤其適合喜歡吃酸性食物的朋友食用。青梅在吃的時候一定要挑選已經成熟的果實，因為不成熟的果實吃起來會比較澀。另外，把它製作成果脯、蜜餞、酒品或醃製後味道都不錯。

青梅的功效：

收斂生津，消除疲勞、提升身體活力，抵抗腫瘤，清理血液垃圾，改善腸胃功能，延緩衰老，美容養顏，抗過敏、驅蟲等。

營養成分表（每 100 克含量）

熱量及四大營養元素

熱量（千卡）	脂肪（克）	蛋白質（克）	碳水化合物（克）	膳食纖維（克）
33	0.9	0.9	6.2	1

礦物質元素（無機鹽）

鈣（毫克）	11	鋅（毫克）	-
鐵（毫克）	1.8	鈉（毫克）	-
磷（毫克）	36	鉀（毫克）	-
硒（微克）	-	鎂（毫克）	-
銅（毫克）	-	錳（毫克）	-

維他命以及其他營養元素

維他命 A（微克）	17	維他命 E（毫克）	0.26
維他命 B_1（毫克）	-	煙酸（毫克）	-
維他命 B_2（毫克）	-	胡蘿蔔素（微克）	0.9
維他命 C（毫克）	9.5		

青梅果醬

加工成果醬的青梅不僅味道依然不輸新鮮的青梅，而且仍具有消除疲勞、提升活力等功效。

Ready

青梅 1000 克
白糖 250 克
食鹽

把青梅清洗乾淨後，放入混合了食鹽的淡鹽水中浸泡 3 小時左右。

把浸泡好的青梅放入混合了食鹽的水中煮 5 分鐘左右，之後撈出過涼水。

用勺子把煮熟的青梅果肉刮下來，放入鍋內，之後加入白糖，大火煮沸後調成小火煮到果醬變稠為止。在熬煮的過程中要不斷攪拌。

把熬好的果醬稍微晾一下，然後趁熱裝入消毒的玻璃瓶中，等果醬徹底變涼後放入冰箱保存即可。

用食鹽水浸泡可以為青梅脱澀，讓果醬的口感更佳。

蓮霧

學　　名	蓮霧
常 用 名	洋蒲桃紫蒲桃水蒲桃水石榴、葷霧、璉霧
外貌特徵	梨形或圓錐形，紅色或綠色
所處地帶	熱帶濕潤地區

蓮霧是一種熱帶水果，原產於馬來西亞和印度，17 世紀引入台灣地區種植，20 世紀才引入廣東、福建等地，但是種植面積依然很小。

好蓮霧，這樣選

OK 挑選法

- ☑ 看形狀：果形端正、個頭比雞蛋稍大的汁液豐富、口感較好。
- ☑ 看顏色：夏季顏色較淺，冬季顏色則較深，擦拭後均有自然光澤。冬季顏色越紫說明成熟度越高。
- ☑ 看底部：底部的開口越大說明成熟度越高，口感也越好。
- ☑ 看肉質：切開後果肉肥厚、海綿質較少者為上品。

吃不完，這樣保存

蓮霧是一種不耐存儲的水果，在常溫下放置 7 天左右就會變質。在保存時，可以把蓮霧用報紙或吸水的紙包裹起來，然後放到保鮮袋內紮緊袋口後放到冰箱冷藏室保存。需要注意的是，保存之前一定不要清洗蓮霧。

這樣吃，安全又健康

清洗

蓮霧底部的開口最容易藏匿髒東西，所以在清洗時一定要先用清水反覆沖洗，將底部開口處的髒東西沖洗乾淨，之後再用淡鹽水浸泡，這樣才能把蓮霧徹底清洗乾淨。

食用禁忌

蓮霧具有利尿的功效，因此不適合有尿頻習慣的朋友吃。另外，胃寒的朋友也要少吃，以免增加胃部負擔。

健康吃法

蓮霧無論是作為新鮮水果直接食用還是做成果汁、蜜餞或者糖漬等都非常的營養美味。蓮霧和冰糖一起燉煮，不但酸甜可口，還能達到治療乾咳無痰的功效。如果把蓮霧切成片蘸食鹽吃具有幫助消化的功效哦！

蓮霧的功效：

補充人體所需營養元素，潤肺止咳，涼血解毒，利尿、消除水腫，安神凝心、解熱等。

營養成分表（每 100 克含量）

熱量及四大營養元素

熱量（千卡）	脂肪（克）	蛋白質（克）	碳水化合物（克）	膳食纖維（克）
33	0.2	0.5	10.2	2.8

礦物質元素（無機鹽）

鈣（毫克）	4	鋅（毫克）	0.17
鐵（毫克）	0.3	鈉（毫克）	1
磷（毫克）	14	鉀（毫克）	109
硒（微克）	4.32	鎂（毫克）	13
銅（毫克）	0.08	錳（毫克）	0.07

維他命以及其他營養元素

維他命 A（微克）	-	維他命 E（毫克）	0.7
維他命 B_1（毫克）	-	煙酸（毫克）	0.1
維他命 B_2（毫克）	0.02	胡蘿蔔素（微克）	0.4
維他命 C（毫克）	25		

蓮霧牛奶

爽口的蓮霧牛奶具有提升身體免疫力的功效。

Ready

蓮霧 2 個
牛奶 250 毫升

把蓮霧清洗乾淨，切成小塊備用。

把切好的蓮霧放入榨汁機內，把準備好的牛奶倒入榨汁機內。

選擇榨汁機上合適的擋位打碎，倒出即可飲用。

在榨汁之前，可以把牛奶放入冰箱冷藏，這樣口感會更好。

橄欖

學名	橄欖
常用名	黃欖、青果、山欖、白欖、紅欖、青子、諫果、忠果
外貌特徵	狹長的橢圓形
所處地帶	亞熱帶濕潤地區

橄欖是亞熱帶一種特產水果，福建省種植最多。每年秋季橄欖果成熟時，味道也是最好的。

好橄欖，這樣選

OK 挑選法

☑ 看形狀：果形端正，表皮沒有機械性損傷、壓傷等痕跡，果實較為飽滿。

☑ 看顏色：青綠色略帶黃色，說明成熟度高，可以直接吃。色澤變黑或者完全變黃，說明不新鮮。

吃不完，這樣保存

新鮮的橄欖很難保存，最常見的保存方法就是把橄欖裝入保鮮袋內，紮緊口袋放到冰箱冷藏室保存。但是最好在保鮮袋的上下都鋪上一層紙巾，這樣能很好地把水分吸收掉。還可以把橄欖放到乾燥的陶瓷罐或木桶內，蓋上蓋子放到陰涼的地方保存。此外，還可以把橄欖放到盛有大米的容器內保存。值得注意的是，橄欖保存前不要用水清洗。

這樣吃，安全又健康

清洗

購買後最好用淡鹽水清洗，並輕輕揉搓，這樣能將表面的細菌和殘留的農藥清洗乾淨。也可以用淘米水清洗。無論用什麼清洗，最後都要用清水沖洗乾淨。

食用禁忌

橄欖表面顏色為青綠色，説明用礬水浸泡過，最好不要食用。即使要食用也一定要清洗乾淨才可以。橄欖不能多吃，每天吃 3~5 枚就可以了。

健康吃法

橄欖無論是作為新鮮水果直接食用還是醃製後食用都非常的營養美味。橄欖和肉類搭配製作成美味的湯品，不但能均衡營養，還能達到舒筋活絡的功效。

橄欖的功效：

清熱化痰、利咽消腫，幫助消化，解毒，生津止渴，潤體潤唇、除皺祛痘、美髮減肥等。

營養成分表（每 100 克含量）

熱量及四大營養元素

熱量（千卡）	脂肪（克）	蛋白質（克）	碳水化合物（克）	膳食纖維（克）
49	0.2	0.8	15.1	4

礦物質元素（無機鹽）

元素	含量	元素	含量
鈣（毫克）	49	鋅（毫克）	0.25
鐵（毫克）	0.2	鈉（毫克）	55.6
磷（毫克）	18	鉀（毫克）	23
硒（微克）	0.35	鎂（毫克）	10
銅（毫克）	-	錳（毫克）	0.48

維他命以及其他營養元素

元素	含量	元素	含量
維他命 A（微克）	22	維他命 E（毫克）	-
維他命 B_1（毫克）	0.01	煙酸（毫克）	0.7
維他命 B_2（毫克）	0.01	胡蘿蔔素（微克）	130
維他命 C（毫克）	3		

糖漬橄欖

甘甜的糖漬橄欖具有生津止渴的功效。

Ready

橄欖 400 克
白糖 200 克

把橄欖清洗乾淨，撈出來將外皮破開些備用。

把破開皮的橄欖瀝乾水分，同時準備一個乾淨、沒有油漬的容器。

把一些白糖撒到容器的底部，將瀝乾水分的橄欖放到容器內，最後再在橄欖上撒上一些白糖，蓋上蓋子醃製 4 天。

把醃製好的橄欖連同糖水一同倒入鍋內，開火煮沸後調成小火熬煮至湯汁變稠。隨即關火，湯汁變涼後即可享用。

注意一定不要把湯汁煮乾了。

番石榴

學　名	番石榴
常用名	芭樂、雞屎果、拔子、喇叭番石榴
外貌特徵	球形、卵圓形或梨形，淺綠色、紅色或黃色
所處地帶	熱帶、亞熱帶溫暖地區

番石榴屬熱帶水果，原產地在美洲熱帶地區，直到 16 ～ 17 世紀才在其他熱帶或亞熱帶地區種植。

好番石榴，這樣選

OK 挑選法

☑ 看形狀：果形端正，大小均勻，表皮沒有損傷的為上品。

☑ 看顏色：表皮顏色較淡且均勻，有光澤，褶皺較少，說明果實較為新鮮。

☑ 捏軟硬：用手捏時軟硬適中，有彈性，說明果實較為新鮮。

☑ 聞味道：新鮮的番石榴有濃郁的香氣。

吃不完，這樣保存

番石榴是一種不容易存儲的水果，在常溫環境下放置 1 ～ 2 天就會變質。可以把番石榴用白紙包裹起來放到陰涼、通風、避光、乾燥，且溫度在 8 ～ 10℃的環境中保存。值得注意的是，儘量不要放到冰箱保鮮，因為溫度一旦低於 5℃番石榴就會被凍傷。存儲時一定要輕拿輕放，一旦出現機械性損傷保存會更加困難。

這樣吃，安全又健康

清洗

番石榴可以直接用清水沖洗乾淨食用。不過最安全的方法就是把需要清洗的番石榴用水浸濕，塗抹上適量食鹽搓洗，之後用清水沖洗即可。

食用禁忌

番石榴具有收斂止瀉的作用，因此習慣性便秘、內熱、肝熱的朋友儘量少吃。另外，它含有豐富的維他命 C，因此在吃它的同時不要再吃含有維他命 C 分解酶的蔬果，像黃瓜等。

健康吃法

番石榴無論是生吃，還是製作成果醬或者果汁等後食用味道都不錯。生吃番石榴時如果帶皮一起吃，不但能達到減肥的目的，還具有美白肌膚、延緩肌膚衰老的功效。榨汁也是不錯的方法，尤其添加上蜂蜜、冰糖或牛奶後更能達到滋潤肌膚、恢復青春光澤的作用。另外，生吃番石榴時還可以切成小塊再用酸梅粉或者鹽調味後食用。

番石榴的功效：

降低血糖，補充身體所需營養，減肥、潤膚美白，健脾消食、消炎止血、止瀉等。

營養成分表（每 100 克含量）

熱量及四大營養元素

熱量（千卡）	脂肪（克）	蛋白質（克）	碳水化合物（克）	膳食纖維（克）
41	0.4	1.1	14.2	5.9

礦物質元素（無機鹽）

鈣（毫克）	13	鋅（毫克）	0.21
鐵（毫克）	0.2	鈉（毫克）	3.3
磷（毫克）	16	鉀（毫克）	235
硒（微克）	1.62	鎂（毫克）	10
銅（毫克）	0.08	錳（毫克）	0.11

維他命以及其他營養元素

維他命 A（微克）	-	維他命 E（毫克）	-
維他命 B_1（毫克）	0.02	煙酸（毫克）	0.3
維他命 B_2（毫克）	0.05	胡蘿蔔素（微克）	-
維他命 C（毫克）	68		

番石榴葡萄汁

這道果汁酸甜可口又很清涼，對降低膽固醇、降低血壓有不錯的功效。

Ready

番石榴 1 個
紅葡萄 100 克
文旦 80 克
檸檬 1 個
冰塊

把番石榴清洗乾淨，去籽去皮後切成小塊備用，把紅葡萄清洗乾淨，去皮去籽後備用，把文旦去皮後備用，把檸檬清洗乾淨去皮切成小塊備用。

把上述準備好的水果放入榨汁機中，放入適量冰塊榨成果汁就可以飲用了。

文旦是一種水果，柚的果實，同柑橘類似。

黃皮果

學　名	黃皮果
常用名	黃彈、黃皮、黃枇、黃彈子、王罎子
外貌特徵	球形或扁圓形，表皮密佈細毛
所處地帶	熱帶、亞熱帶溫暖濕潤地區

黃皮果是一種熱帶水果，原產於中國，在廣東、廣西、福建、海南、台灣等地區廣泛生長。在泰國、菲律賓和馬來西亞等熱帶地區也有出產。

好黃皮果，這樣選

OK 挑選法

☑ 看形狀：選擇圓形或者雞心形的果實，汁液豐富，口感較甜；橢圓形果實口感甜中帶酸，種子較多。

☑ 看顏色：成熟、優質的黃皮果表皮多為淡黃色至黃褐色，枝梗新鮮。

☑ 看表皮：表皮完整，沒有機械性損傷，表面細毛密佈的果實質量較好。

吃不完，這樣保存

黃皮果是一種不耐儲藏的水果。採摘後，如果不能及時存儲，2～3天後味道就會改變，甚至變質。所以在存儲時，最好把黃皮果用泡沫紙包裹起來，放到冰箱冷藏室保存。冰箱內的溫度要控制在0～5℃。需要注意的是，在存儲時首先要把破損的果實挑出來，同時要輕拿輕放。

這樣吃，安全又健康

清洗

為了保證黃皮果不受蟲害侵襲，很多果農會噴灑農藥，所以在食用之前一定要清洗乾淨。首先，把黃皮果用流動的清水反覆沖洗，之後放到淡鹽水或者淘米水中浸泡 5 分鐘左右，浸泡的同時用手輕輕搓洗，撈出後用清水再次沖洗即可。切記食用之前一定要清洗乾淨，以免造成中毒。

食用禁忌

黃皮果屬涼性水果，不適合脾胃虛寒或體質偏寒的朋友吃。另外，黃皮果在助消化方面作用顯著，因此消化系統不是很健全的兒童不要大量食用。

健康吃法

黃皮果不論是直接生吃還是製作成黃皮果果醬等食用都非常營養美味。在生吃黃皮果時最好連皮帶種子一起，這樣吃雖然味道有些苦澀，但卻能達到降火、治療消化不良等功效。把黃皮果的果肉擠破後浸泡到涼水中，在炎熱的夏季喝上一杯這樣的飲品，不但能讓暑氣全消，還能達到止渴、祛痰的作用呢。

黃皮果富含汁液，所以在食用時一定要注意不要讓汁液弄到衣服上，一旦弄上要立即清洗，清洗時可以塗抹上一些鹼麵。

tips

黃皮果的功效：

幫助消化、清除腹脹、預防便秘，治療咳嗽、保證呼吸暢通，解暑、生津止渴，降火等。

營養成分表（每 100 克含量）

熱量及四大營養元素

熱量（千卡）	脂肪（克）	蛋白質（克）	碳水化合物（克）	膳食纖維（克）
31	0.2	1.6	9.9	4.3

礦物質元素（無機鹽）

鈣（毫克）	-	鋅（毫克）	0.32
鐵（毫克）	0.4	鈉（毫克）	6.5
磷（毫克）	-	鉀（毫克）	226
硒（微克）	0.64	鎂（毫克）	16
銅（毫克）	0.04	錳（毫克）	0.6

維他命以及其他營養元素

維他命 A（微克）	-	維他命 E（毫克）	-
維他命 B_1（毫克）	0.13	煙酸（毫克）	-
維他命 B_2（毫克）	0.06	胡蘿蔔素（微克）	-
維他命 C（毫克）	35		

糖漬黃皮果

黃皮果醃製後同新鮮時不相上下，在生津止渴、解暑方面效果也不錯。

Ready

黃皮果 1000 克
冰糖 500 克

在用蒸鍋蒸黃皮果時，它會自動裂開，還會有泡泡冒出來。

把黃皮果清洗乾淨，瀝乾水分後備用；把冰糖碾碎備用。

把清洗乾淨的黃皮果放到蒸鍋內蒸 15 分鐘左右，之後拿出來晾涼。

用手把蒸熟的黃皮果的果核去掉。

把去掉果核的黃皮果按照一層黃皮果一層冰糖的順序放到消毒的密封玻璃瓶中，最上層要多放一些冰糖。全部裝入後蓋上蓋子密封一個月即可。

牛油果

學名	鱷梨
常用名	牛油果、油梨、樟梨、酪梨
外貌特徵	梨形、卵形或接近球形，黃綠色、紅棕色
所處地帶	熱帶、亞熱帶濕潤地區

牛油果原產地在中美洲和墨西哥氣候較為濕潤的地方。雖然目前世界各地均有種植，不過還是在美國南部、危地馬拉、墨西哥及古巴等地種植最廣泛。

好牛油果，這樣選

OK 挑選法

- ☑ 看形狀：果形端正，大小均勻，表面沒有機械性損傷，表明質量上乘。
- ☑ 看顏色：表面鮮綠色，説明沒有成熟，表面顏色為墨綠色説明成熟度較好。
- ☑ 捏軟硬：挑選捏起來比較軟的牛油果，成熟的程度也適中，太軟當心腐爛變質。
- ☑ 看果實：切開後果實為黃色説明品質好，如果發黑或者成黑色塊狀説明已經變質。

吃不完，這樣保存

果實較為堅硬的牛油果，放到陰涼、乾燥的地方可以保存較長時間。成熟變軟的牛油果需要把它用保鮮袋密封好放到冰箱冷藏室保存。值得注意的是，冷藏的溫度要控制在 4℃以上，以免凍傷果實。如果想要讓堅硬的牛油果變軟，可以把它放到溫暖的地方，或把它和蘋果、香蕉等已經成熟的水果放到密封的空間內。

切開後的牛油果要儘快食用，因為一旦切開果實會氧化變黃。切開的牛油果可以在表面塗抹上一層檸檬汁，然後用保鮮膜包裹起來放到冰箱冷藏室保存。

這樣吃，安全又健康

清洗

購買後一定要認真清洗，以便把表皮上殘留的農藥清洗掉。可以把需要清洗的牛油果用水浸濕，之後塗抹上一層食鹽輕輕揉搓，之後用清水沖洗乾淨就可以了。

食用禁忌

牛油果的能量和脂肪含量都比較高，因此不要大量吃，以每天吃一個為最佳。另外，體質虛弱的人也要遠離牛油果。

健康吃法

牛油果無論生吃還是製作成果醬或者烹飪美食味道都非常鮮美。牛油果可以直接加白糖食用，也可以製作沙拉或者壽司。此外，把它切成片做湯也是不錯的選擇。另外，果實堅硬的牛油果不能吃，一定要等它變軟後再食用，以免影響身體健康。

tips

牛油果的功效：

降低體內膽固醇含量、保護肝臟，維持腸道正常消化，降低血脂，保護心血管，美顏護髮、預防胎兒畸形等。

營養成分表（每 100 克含量）

熱量及四大營養元素

熱量（千卡）	脂肪（克）	蛋白質（克）	碳水化合物（克）	膳食纖維（克）
161	**15.3**	**2**	**7.4**	**2.1**

礦物質元素（無機鹽）

鈣（毫克）	**11**	鋅（毫克）	**0.42**
鐵（毫克）	**1**	鈉（毫克）	**10**
磷（毫克）	**41**	鉀（毫克）	**599**
硒（微克）	**-**	鎂（毫克）	**39**
銅（毫克）	**0.26**	錳（毫克）	**0.23**

維他命以及其他營養元素

維他命 A（微克）	**61**	維他命 E（毫克）	**-**
維他命 B_1（毫克）	**0.11**	煙酸（毫克）	**1.9**
維他命 B_2（毫克）	**0.12**	胡蘿蔔素（微克）	**-**
維他命 C（毫克）	**8**		

牛油果奶昔

冰涼的牛油果奶昔是夏季消暑不錯的飲品，同時還有助腸道消化的作用呢。

Ready

牛油果 1 個
牛奶 250 毫升
白糖 3 勺

把牛油果清洗乾淨，用刀子切開去掉果核後，用勺子把果肉挖出來備用。

把牛奶倒入榨汁機中，放入挖出來的牛油果果肉，加入白砂糖。

一切準備就緒後把榨汁機打開榨汁，榨好後倒入玻璃杯中，放入冰箱冷藏 1 小時就可以飲用了。

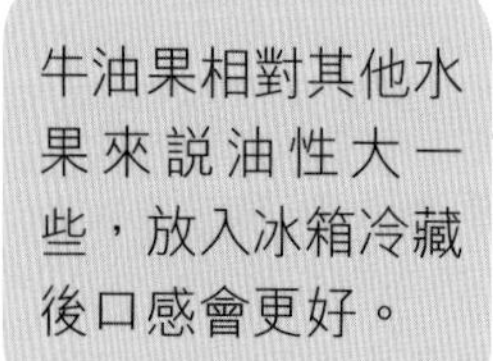
牛油果相對其他水果來說油性大一些，放入冰箱冷藏後口感會更好。

番荔枝

學名	番荔枝
常用名	佛頭果、釋迦果、賴毬果
外貌特徵	同佛像頭較為相似
所處地帶	熱帶沙濕潤地區

番荔枝是一種熱帶水果原產於美洲，就全世界而言，以台灣地區種植最多。番荔枝是聚生果，果形呈圓錐形或心形。種子堅硬光滑，果肉雪白香甜口感綿密。

好番荔枝，這樣選

OK 挑選法

☑ 看外形：果實端正，顆粒飽滿，鱗片較大、平坦且縫合線明顯。

☑ 看顏色：表面綠色略帶黃邊的果實成熟，口感較甜；沒有黃邊的果實說明沒有成熟。而表皮略有黑色，說明果實很甜。

☑ 捏軟硬：捏起來較緊，且有彈性，說明質量較好。手感較軟說明已經成熟，手感較硬說明還沒有成熟。

吃不完，這樣保存

剛剛採收下的番荔枝要放到涼爽、通風、乾燥的地方保存，溫度要控制在20℃左右。在這樣的條件下放 5 ～ 7 天就能變軟食用。沒有完全成熟的番荔枝一定不要放到冰箱保存，否則會讓它再也無法催熟，從而變成啞果。寒冷的冬季也要把它放到溫暖的地方保存。而催熟後的果實不要在常溫下存放，最好把它裝入保鮮袋放到冰箱冷藏室保存。如果想要吃冰涼的番荔枝，也可以放到冷凍室冷凍保存。值得注意的是，從冰箱拿出的已經催熟的番荔枝要儘快食用完畢，因為這樣的果實變質速度會加快。

這樣吃，安全又健康

清洗

番荔枝清洗很簡單，只需要用清水沖洗一下，切開去皮吃果肉就可以了。

食用禁忌

因為番荔枝中含有鞣質，它容易同蛋白質結合形成腸胃不能消化的物質，所以在吃它時儘量不要再吃高蛋白的食物或者飲用乳製品。

健康吃法

番荔枝無論是作為水果生吃，還是製作成果汁、果酒或是飲料，味道都非常不錯。它雖然含有各類糖分，不過對血糖的影響卻非常小，且具有降算糖功效，所以患有糖尿病的朋友可以吃。摸起來較為堅硬的番荔枝不可以吃，需要等催熟果實變軟後再吃。

番荔枝催熟方法：

1. 把番荔枝噴上一些水，用紙包裹起來放到密不透風的地方 1 ～ 2 天即可變軟。
2. 把番荔枝埋入大米中 1 ～ 2 天即可食用。

tips

番荔枝的功效：

降低血糖，促進腸道消化，美白肌膚、抗衰老，激活腦細胞、補充維他命 C 等。

營養成分表（每 100 克含量）

熱量及四大營養元素

熱量（千卡）	脂肪（克）	蛋白質（克）	碳水化合物（克）	膳食纖維（克）
74	0.62	1.65	17.7	2.3

礦物質元素（無機鹽）

鈣（毫克）	8	鋅（毫克）	0.18
鐵（毫克）	0.3	鈉（毫克）	4
磷（毫克）	26	鉀（毫克）	269
硒（微克）	-	鎂（毫克）	16
銅（毫克）	0.073	錳（毫克）	0.083

維他命以及其他營養元素

維他命 A（微克）	-	維他命 E（毫克）	-
維他命 B_1（毫克）	0.05	煙酸（毫克）	0.8
維他命 B_2（毫克）	-	胡蘿蔔素（微克）	10
維他命 C（毫克）	50		

番荔枝香腸炒飯

美味的香腸和蝦仁搭配上強健骨骼、美容養顏的番荔枝，真是一道難得的營養美味。

Ready

番荔枝 1 個
香腸半根
蝦仁 10 個
蔥花
胡椒粉
熟米飯
食用油

番荔枝清洗乾淨去皮去籽後備用。把香腸切成丁備用，把蝦仁清洗乾淨備用。

鍋中倒入適量食用油，油熱後下蔥花、蝦仁、米飯、胡椒粉翻炒，片刻後倒入番荔枝翻炒 1~2 分鐘就可以享用了。

桃

學名	桃
常用名	桃實、桃子
外貌特徵	卵球形，表面有柔毛
口感	肉質細嫩，酸甜適口

人們常用桃比喻長壽，這一點也在神話傳說中得到了印證——蟠桃大會就是為慶祝王母生日而設，所以它也被人們稱作“長壽果”。桃樹的種類很多，有油桃 、蟠桃、壽星桃、碧桃等。其中油桃和蟠桃是作為果樹種植的，而壽星桃和碧桃則是一種觀賞類樹木。而在所有桃類品種，除了油桃之外，其他桃表面均有絨毛。外形上，不包括蟠桃在內均是球形或者長圓形。

好桃子，這樣選

NG 挑選法	OK 挑選法
☒ **顏色異常鮮紅或上半部分鮮紅底部發綠**——可能是沒有完全成熟的或半生的桃子。	☑ 用手掂，重量較重的果實較新鮮
☒ **斑點少的桃子**——口感可能較為酸澀。	☑ 果實大小適中，果肉肥厚
☒ **果實太大或太小**——果肉裏面可能空了或沒有發開。	☑ 顏色發白，表皮密佈絨毛，摸起來很扎手
☒ **表面絨毛沒有扎手的感覺**——噴過水或使用了化學保鮮劑。	☑ 表皮斑點較多，沒有損傷或蟲眼，口感較甜
	☑ 散發著香氣，汁液豐富，酸甜適口

吃不完，這樣保存

把買回的新鮮的桃子，放到有孔的籃子內，把籃子放在陰涼、乾燥、避光的地方即可。這個方法用來存放已經熟透的桃子比較適合，因為能很好地保存它的糖分。不過一定要在三天之內把它食用完畢，以免腐敗。

需要注意的是，如果氣溫已經達到了30℃以上，那最好把桃放入冰箱冷藏保存，因為在30℃以上桃的變質速度會加快。

放到冰箱保存。桃遇到冰冷的空氣會降低口感，所以在用冰箱保存時溫度不能太低。具體方法為：把桃子用50℃的水清洗乾淨，用廚房用紙把水分擦拭掉，然後把桃裝入保鮮袋內，放到冰箱保鮮室即可。如果想要長時間冷藏，那需要用柔軟的紙把桃一個個包裹起來，再放到冰箱冷藏。值得注意的是，保存時要把腐敗的、有蟲眼的桃挑出來。

這樣吃，安全又健康

清洗

在食用之前，桃還要進行徹底清洗，這樣才能保證吃到的桃是安全而健康的。桃子的表皮密佈著細密的絨毛，很多人對這層絨毛有過敏反應，所以在清洗桃時，最主要的是將這一層細毛乾淨且利索地處理掉。如何處理呢？

"食鹽搓洗法"：把需要清洗的桃放入盛水的盆中浸濕，然後把食鹽均勻地塗抹到桃的表面，只要用手輕輕搓洗一下，再用清水沖洗一下，這樣一來桃不僅變得乾乾淨淨了，還能殺死表面的細菌。

"鹼水浸泡法"：在水中添加適量的食用鹼，然後把桃放進去浸泡3分鐘左右，再用筷子輕輕攪動一下清水，這時就會看到水面上漂著一層細細的絨毛。之後把水倒掉，再用清水沖洗乾淨即可。

健康吃法

炎熱的夏季，生吃桃能達到滋陰生津的功效。桃中含有較多的鐵元素，在補氣補血方面有不錯的作用，比較適合缺鐵性貧血的朋友吃。桃中含有的鉀元素也比較多，能有效緩解水腫。除了果實之外，桃仁也有不錯的作用，不僅能活血化瘀，還具有潤腸通便的作用。另外，桃在輔助治療高血壓方面也有不俗的表現哦！

tips

桃雖然營養豐富，但並不是所有人都能吃。桃含有大量糖分，因此不適合糖尿病朋友吃。桃屬熱性水果，所以不適合患有毛囊炎、面部長痤瘡（暗瘡）的朋友吃。桃表面有很多細毛，很多人會有過敏反應，這一點要特別注意。

此外，已經腐爛的桃不要吃，以免影響身體健康。

營養成分表（每 100 克含量）

熱量及四大營養元素

熱量（千卡）	脂肪（克）	蛋白質（克）	碳水化合物（克）	膳食纖維（克）
48	0.1	0.9	12.2	1.3

礦物質元素（無機鹽）

礦物質	含量	礦物質	含量
鈣（毫克）	6	鋅（毫克）	0.34
鐵（毫克）	0.8	鈉（毫克）	5.7
磷（毫克）	20	鉀（毫克）	166
硒（微克）	0.24	鎂（毫克）	7
銅（毫克）	0.05	錳（毫克）	0.07

維他命以及其他營養元素

營養元素	含量	營養元素	含量
維他命 A（微克）	3	維他命 E（毫克）	1.54
維他命 B_1（毫克）	0.01	煙酸（毫克）	0.7
維他命 B_2（毫克）	0.03	胡蘿蔔素（微克）	20
維他命 C（毫克）	7		

鮮桃冰沙

如果三個人以上食用，可以多加些桃子，然後調入一些牛奶，這樣還能充滿濃濃的奶香味。

Ready

桃 2 個
檸檬半個
蜂蜜

桃清洗乾淨，去皮去果核，留下果肉。

把桃肉放入保鮮盒內，用勺子搗成桃泥。

向桃泥中擠入檸檬汁，放入蜂蜜攪拌均勻。

向桃泥中擠入把保鮮盒蓋上蓋子，放到冰箱冷凍室保存，40 分鐘後拿出來用叉子劃開，之後再放到冰箱再冷凍再用叉子劃開，2 ～ 3 次後就做成冰沙了。擠入檸檬汁，放入蜂蜜攪拌均勻。

最好選擇家中放置時間較長，果實較為軟的桃做。這樣搗碎時比較方便。

杏

學名	杏
常用名	杏子、杏果、甜梅、叭達杏、杏實
外貌特徵	球形或倒卵形，果皮黃色或伴有紅暈
口感	果肉肥厚，酸甜適中

杏似乎沒有桃或蘋果讓人喜歡，不過它的口感卻是獨一無二的。這獨特的口感讓它成為了夏季主要的水果之一。

市場上常見的杏，從顏色上來分主要有兩種，一種是青色，一種是黃色。青色的口感較澀，不適合直接食用，可以用來泡酒、製作蜜餞等；黃色的口感酸甜適中，可以直接生吃，也可以用來製作杏乾。

好杏，這樣選

NG挑選法	OK挑選法
☒ **顏色發青或者黃褐色**——可能沒有成熟或成熟度太高已經腐敗。	☑ 聞起來有一股杏獨有的香氣
☒ **果形個頭非常小**——可能在生長中沒有發開，口感差。	☑ 用手按壓時果實軟硬始終，有彈性
☒ **果實汁液少、纖維多、果核大**——質量較次的杏。	☑ 表皮黃色伴有紅暈，有均勻、自然的光澤
☒ **表皮粗糙，沒有光澤度**——採摘時間較長，不新鮮。	☑ 果實肥厚，汁液豐富，果核較小，纖維較少
☒ **用手捏時很軟，有汁液流出**——成熟度太高或變質的杏。	☑ 個頭較大，表皮光滑，上面有一層絨毛

吃不完，這樣保存

相信很多人都有這樣的經歷，剛剛買回的已經變軟的杏，僅僅過了一天就會流湯腐爛。歸根結底是因為採取的保存方法不正確。可以把買回的、已經熟透的杏，依次裝入保鮮盒內，蓋上蓋子後放到冰箱冷藏室保存。值得注意的是，杏一定要完好無損。在食用之前 1 個小時，把杏從冰箱拿出來。

如果買回的杏質地較硬，那可以把它放到紙箱內保存。首先可以在紙箱底部鋪上一層香椿樹的葉子，然後把表皮完整、沒有蟲眼和腐敗的杏依次放入紙箱內，最後在杏的上部再蓋上一層香椿的葉子。把紙箱的蓋子蓋上後放到陰涼的地方就可以了。需要注意的是，在向紙箱內放杏時一定要輕拿輕放。

這樣吃，安全又健康

清洗

在食用之前，為了確保吃到乾淨、安全的杏，需要對杏進行認真清洗。 杏在生長中免不了要噴灑農藥，表面自然也會殘留有農藥的成分，所以為了讓杏變得乾淨，在清洗時，可以試試下面的方法：

“鹽水浸泡法”：需要先把杏在清水中沖洗一下，並輕輕搓洗，把表面的絨毛清洗掉，之後把杏放入淡鹽水浸泡 5 分鐘左右，撈出後再次用清水沖洗乾淨。這樣不但能讓杏變乾淨，還能去除表皮上的有害物質，可謂一舉兩得。

“淘米水去污法”：把杏放入淘米水中浸泡，並輕輕搓洗，不一會兒果皮上的髒東西就會被洗掉，再用清水沖一下就可以了。鹼性的淘米水能很好地中和酸性的殘留農藥。

健康吃法

杏無論作為水果生吃，還是製作成果脯、果醬、果汁或者蜜餞等都非常營養美味。杏生食能有效補充人體所需的維他命和礦物質元素。杏不但果實能吃，就連杏仁都是一種美味。杏仁不但能製作杏仁露、糕點等，還能出產杏仁油。杏仁油不但是一種優質的食用油，還是製作高級化妝品、香皂、漆料的原材料呢。不僅如此，常吃杏仁還能達到潤腸通便、美容護膚、止咳平喘的功效哦！如果想要食用杏的同時保證身體健康、安全，那每天最好控制在 5 顆以內。未成熟的杏也不要吃，因為會含有氫氰酸，食用後會引致中毒。

tips

杏雖然含有多種營養元素，但食用也要注意安全。杏是熱性水果，過量食用不但會傷及筋骨，還會導致眉毛和頭髮脱落、損傷視力。如果孕婦或者產婦、孩子大量食用，還有可能引起疥瘡等。此外，杏中含有大量果酸，大量食用後不但會引起腸胃不適，還會損傷牙齒。

另外，杏不要同黃瓜和蘿蔔同吃，會破壞杏中的維他命成分。

營養成分表（每 100 克含量）

熱量及四大營養元素

熱量（千卡）	脂肪（克）	蛋白質（克）	碳水化合物（克）	膳食纖維（克）
36	0.1	0.9	9.1	1.3

礦物質元素（無機鹽）

元素	含量	元素	含量
鈣（毫克）	14	鋅（毫克）	0.2
鐵（毫克）	0.6	鈉（毫克）	2.3
磷（毫克）	15	鉀（毫克）	226
硒（微克）	0.2	鎂（毫克）	11
銅（毫克）	0.11	錳（毫克）	0.06

維他命以及其他營養元素

元素	含量	元素	含量
維他命 A（微克）	75	維他命 E（毫克）	0.95
維他命 B_1（毫克）	0.02	煙酸（毫克）	0.6
維他命 B_2（毫克）	0.03	胡蘿蔔素（微克）	450
維他命 C（毫克）	4		

杏肉罐頭

杏肉罐頭經過冰箱冷藏後口感更佳，而這種做法也是保存杏不錯的方法。

Ready

杏 500 克
白糖

把杏清洗乾淨，去掉果核。

在鍋中倒入適量水，放入杏肉煮沸。揭蓋後再煮 5 分鐘左右。

把準備好的白糖放入鍋內煮沸後關火。

把煮好的杏連同湯汁倒入密封的容器內，晾涼後放入冰箱冷藏 60 ～ 90 分鐘就可以了。

棗

學　　名	棗
常用名	紅棗、美棗、良棗
外貌特徵	長圓形，成熟為褐紅色
口　　感	肉質爽脆，口感甘甜

棗自古就被列入了“五果”之中。棗因為含有多種維他命，又被譽為“天然的維他命丸”。市場上鮮棗的品種也是多種多樣，既有個頭較大的，也有個頭較小的。無論什麼樣的棗，在挑選時都要選擇果形規整、表皮沒有損傷或蟲眼，口感甜脆的棗。

好棗，這樣選

NG 挑選法	OK 挑選法
✗ **顏色青綠，沒有光澤**——有可能是沒有成熟的棗。	☑ 口感鬆脆甘甜，質量較佳
✗ **表皮有腐爛的斑點且較濕或者有鏽斑**——噴過水或者存放了很長時間的棗。	☑ 果實飽滿，有均勻的光澤
✗ **奇形怪狀或個頭過大**——當心在種植過程中使用了化學 藥品。	☑ 聞起來有清新的香氣
✗ **吃起來苦澀或堅硬**——說明沒有成熟。	☑ 顏色為紅色或者以綠色為主，有 1/3 部分為紅色

吃不完，這樣保存

鮮棗如果保存方法不恰當，口感會大打折扣。一般情況，很多人會把鮮棗放到陰涼、乾燥的地方保存，然而這樣並不能阻止它的口感下降。其實鮮棗很難保存，所以常常選擇把它製作成乾棗，這樣雖然營養略有下降，不過卻能保存一年之久，也不失為一個好方法。

如何才能長時間保存鮮棗呢？不妨來試一試下面的方法：

挑選表皮完整，沒有損傷的鮮紅的鮮棗，把它裝入密封袋內，把袋子內的空氣完全排除，之後把它放入冰箱冷藏室保存，需要注意的是，溫度要控制在 0 ～ 4℃，並保證它不受潮。因為一旦受潮，鮮棗會快速腐爛。

另外，把挑選好的鮮棗在 5 ～ 8℃ 的環境下保存 1 ～ 2 天，然後放進氯化鈣溶液中浸泡半個時左右，撈出晾乾水分後裝入密封袋放入 0 ～ 1℃ 的地方保存也可。

這樣吃，安全又健康

清洗

為了確保身體健康和安全，在吃棗之前一定要認真清洗它。 棗在生長過程中果實一直裸露在外，再加上噴灑農藥，所以表面可能會存在有害微生物和農藥殘留。因此在食用之前一定要清洗。可以試一試下面的清洗方法。

“淡鹽水浸泡法”：把新鮮的棗放到筲箕內，用流動的清水沖洗幾遍，之後把清洗好的棗放到淡鹽水中浸泡 10 分鐘左右，此時可以輕輕揉搓一下，揉搓完畢後撈出再用清水沖洗就可以了。這樣不但能讓棗變得乾乾淨淨，還可以起到殺菌、去除殘留農藥的作用。

健康吃法

想要棗的營養元素被人體充分吸收，在食用棗之前一定要對它的禁忌了然於胸。吃棗時，最好避免再吃蘿蔔和黃瓜，因為蘿蔔中的抗壞血酸酶和黃瓜中的維他命分解酶都會分解棗中的維他命，從而阻擾身體吸收這些元素。棗也不適合同動物肝臟一起吃，因為肝臟中含有的銅、鐵等元素會讓棗中的維他命發生氧化，從而降低它們的功效。需要注意的是，鮮棗的皮很難消化，所以在吃的時候一定要慢慢咀嚼。腐爛的鮮棗會產生甲醇和果酸，食用後輕者引起頭暈症狀，嚴重時可能會導致死亡。另外，想要吃到口感最佳的棗，秋季是最佳的時間。

tips

棗中雖然含有豐富的營養元素，但也要分人群食用。棗中含有豐富糖分，所以不適合糖尿病朋友和長有蛀牙的朋友吃。

此外，大量食用棗，很容易引起腹脹、胃酸過多等不適症狀。

營養成分表（每 100 克含量）

熱量及四大營養元素

熱量（千卡）	脂肪（克）	蛋白質（克）	碳水化合物（克）	膳食纖維（克）
105	0.2	1.8	27.8	3.8

礦物質元素（無機鹽）

鈣（毫克）	2	鋅（毫克）	0.19
鐵（毫克）	0.2	鈉（毫克）	33
磷（毫克）	29	鉀（毫克）	195
硒（微克）	0.14	鎂（毫克）	17
銅（毫克）	0.08	錳（毫克）	0.13

維他命以及其他營養元素

維他命 A（微克）	-	維他命 E（毫克）	0.19
維他命 B_1（毫克）	0.08	煙酸（毫克）	0.51
維他命 B_2（毫克）	0.09	胡蘿蔔素（微克）	-
維他命 C（毫克）	24.3		

鮮棗黑米粥

棗中含有豐富的營養元素，尤其是維他命，它能很好地補充人體所需的元素。

Ready

鮮棗 10 顆
黑米 30 克
大米 30 克
糙米 30 克
粟米麵 30 克
糖

把黑米和糙米用水清洗乾淨後浸泡 1 個小時；把大米淘洗乾淨備用。

把鮮棗清洗乾淨後，用刀切成小塊，去掉果核。

向鍋內注入清水，把水燒開後放入黑米、糙米、大米，煮沸後再熬煮 20 分鐘。 把切好的鮮棗放入鍋內煮沸，等鮮棗熟後放入粟米麵攪拌均勻，等到粟米麵煮熟後關火即可。

出鍋之前放入適量白糖，攪拌均勻就可以享用了。

荔枝

學　　名	荔枝
常 用 名	丹荔、麗枝、離枝、火山荔、勒荔、荔支
外貌特徵	果卵圓形接近球形
口　　感	肉質鮮嫩，汁豐味甘

荔枝歷來都是人們喜愛的水果，其中將喜愛之情淋漓盡致地表達出來的便是“日啖荔枝三百顆，不辭長作嶺南人”的詩句了。荔枝屬時令水果，距離產地較遠的地方很難吃到最新鮮的荔枝。人們往往會用冰凍的方法運送，這也就能解釋為什麼超市的荔枝多是在水中浸泡的了，然而這也難避免荔枝的味道改變。還有一些不法商販動用化學製劑來保鮮荔枝，這也為人們的飲食健康和安全埋下了隱患。所以在挑選荔枝時，一定要睜大雙眼。

好荔枝，這樣選

NG 挑選法	OK 挑選法
✗ **顏色異常鮮紅**——有可能商販用化學藥品處理過。	☑ 果形端正，勻稱，個頭較大
✗ **用手輕捏時，果實柔軟沒有彈性**——可能已經變質。	☑ 表皮上的龜裂平坦，縫合線明顯
✗ **頂尖為扁圓形**——說明果核比較大。	☑ 頂部較為尖的荔枝，果核較小，味道好
✗ **表皮上的突起非常密集**——說明成熟度不夠高。	☑ 用手輕捏，果肉較硬，緊緻且有彈性
	☑ 聞起來有新鮮的荔枝香氣

NG 挑選法	OK 挑選法
☒ **果蒂處蟲眼**——可能打開後有蟲子，或者其他相近的也被感染。	☑ 果肉白色，晶瑩剔透、汁液豐富
☒ **聞起來有酒味或發霉的味道**——放置時間較長或已變質。	☑ 果柄連接緊密，沒有蟲眼
☒ **果肉暗紅色或者褐色**——說明已經變質。	☑ 顏色為暗紅色略帶綠色

吃不完，這樣保存

荔枝有“一日色變，二日香變，三日味變，四日色香味盡去”的特點，從這也不難看出荔枝是一種很難保存的水果。正是因此，人們想了很多保存荔枝的方法，比如用冰塊保存等。冰塊的確能延長荔枝的保鮮期限，不過不適合家中使用。在家保存荔枝時，可以試一試下面的方法：

把新鮮的荔枝，去掉枝梗，注意不要把果蒂拔掉，用清水沖洗一下，把水分瀝乾後放到有孔的籃子內，厚度大約在 10 厘米左右，之後放到陰涼、避光的地方，每天早晚噴灑適量的清水，這樣可以保存 5 天左右。如果所放地方氣溫比較低，能延長到 10 天左右。如果想要保持荔枝的色澤，可以在籃子底部和荔枝上部鋪上一層艾葉。

用冰水浸泡也可以。把荔枝用冰水清洗一下，裝入密封袋內，紮緊袋口後放到冰水中浸泡，浸泡的方法是浸泡 1 小時，撈出來放到陰涼處放置 2 小時，然後反覆進行。不過浸泡不能超過 12 小時，否則，1 天後就會變質。值得注意的是，袋口不要泡在冰水中。

把荔枝放入保鮮袋內，紮緊口袋後放到陰涼、通風、避光的地方，也可以放到冰箱冷藏室保存。如果想延長保存時間，可以放到冰箱冷凍室保存。另外，還可以把它曬成荔枝乾保存，這樣保存時間會更長。

這樣吃，安全又健康

清洗

在食用之前，荔枝還要經歷一次"徹底沐浴"——清洗，這樣才能保證吃到的荔枝是安全而健康的。

荔枝在生長過程中不可避免會受到農藥或者蟲害的侵襲，在運輸過程中也會用化學藥品保鮮，所以在食用之前，一定要清洗乾淨。

在清洗過程中不要把荔枝皮弄破了，以免造成二次污染。

需要先把荔枝放到清水中，用刷子輕輕刷洗一下，之後放到淡鹽水中浸泡片刻，這樣一來，荔枝不僅會變得乾乾淨淨，還能起到殺菌的作用。此外，還可以用麵粉去污。在水中添加適量的麵粉，然後把荔枝放進去清洗，清洗乾淨後再用清水沖一下即可。

健康吃法

要想讓荔枝的營養被人體充分吸收，需要掌握食用它的小技巧。荔枝同紅棗搭配在一起，一白一紅既能美容養顏，也具有補血的作用。如果把溫熱的荔枝同性屬寒涼的禽類或者海鮮搭配在一起，能有效降低食用荔枝上火的情況。另外，在食用荔枝時，不妨用淡鹽水浸泡一段時間或者食用之前喝一些淡鹽水、綠茶或者綠豆湯，這樣不但具有降火的功效，還能達到健脾助消化的作用。

tips

荔枝屬溫性水果，所以出血的朋友、孕婦、老人和小孩子最好不要吃。荔枝中含有糖分，糖尿病朋友不能吃。另外，長痤瘡、風熱感冒、內火較旺的人最好也不要吃。

此外，成人每天最多吃 300 克，兒童一次要控制在 5 顆以內。

營養成分表（每 100 克含量）

熱量及四大營養元素

熱量（千卡）	脂肪（克）	蛋白質（克）	碳水化合物（克）	膳食纖維（克）
70	0.2	0.9	16.6	0.5

礦物質元素（無機鹽）

項目	含量	項目	含量
鈣（毫克）	2	鋅（毫克）	0.17
鐵（毫克）	0.4	鈉（毫克）	1.7
磷（毫克）	24	鉀（毫克）	151
硒（微克）	0.14	鎂（毫克）	12
銅（毫克）	0.16	錳（毫克）	0.09

維他命以及其他營養元素

項目	含量	項目	含量
維他命 A（微克）	2	維他命 E（毫克）	-
維他命 B_1（毫克）	0.1	煙酸（毫克）	1.1
維他命 B_2（毫克）	0.04	胡蘿蔔素（微克）	10
維他命 C（毫克）	41		

荔枝蝦仁

蝦仁帶有荔枝清新的味道，不但口感爽滑，營養更是豐富。常常食用具有美容養顏、補充能量的作用。

Ready

荔枝 300 克
蝦仁 300 克
薑
食鹽
料酒
胡椒粉
生粉
雞精
植物油

把荔枝清洗乾淨，去皮去核留肉備用。把薑清洗乾淨切成絲備用。

把蝦仁清洗乾淨，放入碗中加入食鹽、料酒、生粉和胡椒粉攪拌均勻醃製 10 分鐘。

向鍋內倒入適量植物油，油熱後下薑絲爆香，之後放入醃製好的蝦仁翻炒，蝦仁七成熟時放入荔枝肉翻炒，片刻後放入雞精調味即可。

芒果

學　名	芒果
常用名	杧果、檬果、漭果、悶果、蜜望、望果、面果、庵波羅果
外貌特徵	橢圓形、腎臟形以及倒卵形，表皮黃色、綠色或紫色
口　感	肉質細膩，口感甘醇

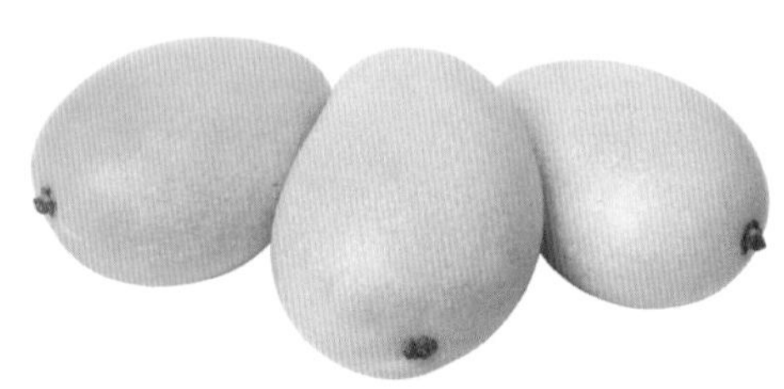

芒果原產地在印度，在中國廣東、海南等地也有種植。擁有獨特風味的芒果贏得了很多人的"芳心"，因此被人們稱為"熱帶水果之王"。市面上常見的芒果有三種顏色：黃色、綠色和紫色。一般來説，綠色的芒果是未成熟的，不過也有品種（如：水仙芒、象牙芒）本身就是綠色，可以直接食用。黃色的是成熟的且多是本地所產，而紫色芒果多是外來的品種，存在變色的可能。無論芒果的表皮是什麼顏色，果肉都是橙黃色的。

好芒果，這樣選

NG 挑選法	OK 挑選法
☒ **果皮整體發黃，但小頭頂部綠色**——催熟的芒果，不宜選購。	☑ 皮質細膩，光澤不是非常均勻
☒ **聞起來沒有芒果特有的香氣甚至有異味**——催熟的芒果。	☑ 聞起來有芒果特有的香氣
☒ **用手輕按時整體偏軟**——小心是催熟的。	☑ 果實厚實，輕按時軟硬適中，有一定彈性
☒ **表皮有褶皺**——熟過了。	☑ 表皮顏色為橙黃色，沒有損傷或者蟲眼
☒ **表皮有一些發綠**——沒有完成成熟。	

吃不完，這樣保存

芒果是一種熱帶水果，如果保鮮的方法不恰當會讓芒果的口感和營養大大下降。一般情況下，會把芒果放到冰箱冷藏保存，這樣也不能説不正確，它的確能讓芒果保鮮 2 ～ 5 天。而上述這種方法是在一定條件限制下的。條件一：冰箱的溫度不能過低，因為芒果是熱帶水果，溫度過低會把它凍傷；條件二：芒果是已經成熟的。而且此種保存法需要注意的是，要把芒果用柔軟的紙包裹起來。

未成熟的芒果如何保存？把未成熟的芒果按照一定順序放到紙箱內，之後蓋上蓋子，放到陰涼、通風、避光的地方就可以了。這樣放置 10 天左右芒果就能成熟，之後一定要放到冰箱內保存才可以。值得注意的是，保證供應充足的新鮮空氣是保存未成熟芒果的首要條件。另外，想要催熟未成熟的芒果，還以把它裝入膠袋放入盛有大米的容器內。

這樣吃，安全又健康

清洗

食用之前，芒果還要經歷一次“徹底沐浴”——清洗，這樣才能保證吃到安全又健康的芒果。在清洗芒果時，可以試試下面這種方法：

把需要清洗的芒果用水浸濕，然後在表面塗抹上一層食鹽，用手輕輕搓片刻，再用清水沖洗乾淨即可，這樣不但能把芒果清洗乾淨，還能殺死芒果表皮上的有害微生物。

健康吃法

芒果是一種健康的水果，對各種疾病有很好的預防功效。在炎熱的夏季吃上一個芒果，能達到降暑、止渴的作用。女性多吃一些芒果，能很好地預防乳腺癌的發生。另外，芒果在降低膽固醇、預防心血管疾病和美容養顏方面的功效都很顯著哦。不過在吃完芒果後，一定要記得洗臉、漱口，這樣能很好地預防過敏。

清洗芒果汁的方法：

1. 剛弄上芒果汁。在果汁殘留的地方塗抹上一些食鹽，用水浸濕後放一會兒，再用肥皂搓洗。

2. 已經乾的芒果汁。在果汁殘留處滴上幾滴食醋，然後用力搓洗，放置一會兒後再用洗衣液清洗即可。

tips

芒果雖然營養豐富，但是食用也分人群。首先，對芒果過敏的人最好不要吃。另外，它還是一種帶有濕毒的水果，所以患有腎炎和皮炎的人要遠離。腸胃功能欠佳的老人、孩子等也儘量少吃芒果。

此外，酒足飯飽後不要吃芒果，因為芒果不利於消化。而且食用辛辣的食物後也不要吃芒果，因為兩者相遇會導致皮膚發黃。

營養成分表（每 100 克含量）

熱量及四大營養元素

熱量（千卡）	脂肪（克）	蛋白質（克）	碳水化合物（克）	膳食纖維（克）
32	0.2	0.6	8.3	1.3

礦物質元素（無機鹽）

鈣（毫克）	-	鋅（毫克）	0.09
鐵（毫克）	0.2	鈉（毫克）	2.8
磷（毫克）	11	鉀（毫克）	138
硒（微克）	1.44	鎂（毫克）	14
銅（毫克）	0.06	錳（毫克）	0.2

維他命以及其他營養元素

維他命 A（微克）	150	維他命 E（毫克）	1.21
維他命 B_1（毫克）	0.01	煙酸（毫克）	0.3
維他命 B_2（毫克）	0.04	胡蘿蔔素（微克）	897
維他命 C（毫克）	23		

芒果梨絲

這道水果甜點味道甘甜，在潤肺止咳、生津止渴方面有不錯的功效。

Ready

芒果 1 個
梨 1 個
蜂蜜

把芒果清洗乾淨，剝掉果皮後切成絲。

把梨清洗乾淨，去皮後切成絲。

把切好的芒果絲和梨絲放入碗中，調入適量蜂蜜，攪拌均勻就可以享用了。

龍眼

學名	龍眼
常用名	桂圓、荔枝奴、亞荔枝、燕卵、益智、驪珠
外貌特徵	球形，外表褐色，表面粗糙
口感	肉質鮮嫩，口感甘甜

龍眼就是常說的桂圓，是一種熱帶水果。它因汁液豐富，口感甘甜，備受人們喜愛。但市面上的新鮮龍眼其實已經不是非常新鮮，因為它經過了長途運輸才能到達市場販售。因此在挑選時，一定要認真辨別，像表皮發黑或有霉斑的一定不要選購，以免食用後影響身體健康。

好龍眼，這樣選

NG 挑選法	OK 挑選法
☒ **表皮或果蒂處有白色霉斑**——已經開始變質，不能吃。	☑ 用手輕捏，果肉稍微柔軟且有彈性
☒ **帶有蟲眼**——可能切開會有蟲，不能吃。	☑ 倒到桌面上，果實不易滾動
☒ **表皮上有很多裂紋**——口感較差，不宜選購。	☑ 果肉厚實、較為均勻，半透明或透明狀
☒ **用手捏時較堅硬**——說明果實沒有成熟，不宜選購。	☑ 顏色為土黃色、表皮沒有裂紋，有自然、均勻的光澤
☒ **用手捏時很軟、沒有彈性**——說明果實發生了變質，不能吃。	
☒ **果肉為白色，不透明性**——果實不新鮮，不能吃。	

吃不完，這樣保存

放到冰箱冷藏室保存，這的確是一個不錯的方法，不過在保存時，不能把它放到密封的膠袋內，而是要先放到網狀的袋子內，這樣有利於龍眼呼吸。另外，冷藏室的溫度要控制在 2 ～ 6℃之間，這樣能讓龍眼保鮮半個月之久呢。除了用網狀袋子裝好放到冰箱冷藏室保存外，還可以把每一個桂圓用一張白色、較軟的紙包裹起來，按照順序擺放到保鮮盒內，蓋上保鮮盒的蓋子後放到冰箱冷藏室保存。

用紙箱子也能保存龍眼。把剛買回的、沒有任何損傷的龍眼小心翼翼地裝入紙箱內，再在龍眼上面覆蓋上一層塑料膜，之後把箱子放到陰涼、避光的地方就可以了。

除了上述的方法，還可以把龍眼肉取出來曬成乾果保存。

放到冰箱保存時，要把龍眼和生肉等分開存放，以免串味，影響口感。

這樣吃，安全又健康

清洗

龍眼雖然有一層厚厚的外皮，不過為了身體健康和安全，在食用之前，也要對它清洗才可以。 龍眼是成串生長的，在生長期間難免沾上灰塵或者細菌，而一些人會使用化學藥品來延長龍眼的保鮮期，它的表面或多或少又會殘留一些硫化物。所以為了讓龍眼變得乾乾淨淨，在清洗時可以用下面這種方法：把需要清洗的新鮮龍眼用剪刀連同果蒂一起剪下來，放到流動的清水中反覆沖洗乾淨。

健康吃法

想要吃到新鮮美味的龍眼，一定要掌握食用它的小妙招。新鮮龍眼可以直接生吃，不過一次性不能吃太多，以免引起上火等不適症狀。晚上睡覺之前可以吃幾顆桂圓，這樣能達到養心潤肺、緩解失眠的功效。可以把 500 克左右的龍眼肉蒸熟，每天吃一些，能有效緩解心悸、失眠等病症。另外，用龍眼肉來泡茶也是不錯的選擇，它具有補益功效。

tips

龍眼屬濕熱性質的水果，因此有上火發炎症狀的人、陰虛火旺的人、患有風寒感冒或消化不良的人、孕婦都最好不要吃。而且它含有豐富的糖分，因此也不適合糖尿病患者食用。

此外，龍眼有助火的功效，青少年和兒童不能多吃。

營養成分表（每 100 克含量）

熱量及四大營養元素

熱量（千卡）	脂肪（克）	蛋白質（克）	碳水化合物（克）	膳食纖維（克）
71	0.1	1.2	16.6	0.4

礦物質元素（無機鹽）

鈣（毫克）	6
鐵（毫克）	0.2
磷（毫克）	30
硒（微克）	0.83
銅（毫克）	0.1
鋅（毫克）	0.4
鈉（毫克）	3.9
鉀（毫克）	248
鎂（毫克）	10
錳（毫克）	0.07

維他命以及其他營養元素

維他命 A（微克）	3
維他命 B_1（毫克）	0.01
維他命 B_2（毫克）	0.14
維他命 C（毫克）	43
維他命 E（毫克）	-
煙酸（毫克）	1.3
胡蘿蔔素（微克）	20

龍眼紅糖粥

這道美味的粥品在益氣養血、健脾補心、益智安神、潤膚方面有不錯的功效。不過體熱、有上火症狀的朋友不可以大量食用。

Ready

龍眼 30 克
大米 50 克
紅糖 15 克

把大米清洗乾淨，放到清水中浸泡 15 分鐘。

把龍眼清洗乾淨，去皮去核留果肉備用。

把浸泡好的大米放入砂鍋內，加入適量清水，用大火煮沸後改成小火熬煮成粥。

把龍眼肉和紅糖放入粥內，再用小火熬 15 分鐘左右，龍眼紅糖粥就做好了。

楊梅

學名	楊梅
常用名	樹梅、珠紅、朹子、聖生梅、白蒂梅、朱紅、機子、椴梅、山楊梅
外貌特徵	球形，表面密佈乳頭狀的凸起
口感	肉質爽滑，酸甜適口

楊梅雖然不是日常經常食用的水果，不過因為它酸甜多汁的特徵而備受人們喜歡。市場上常見的楊梅很多都是採摘了一段時間，因此在選購時一定要認真挑選，回家後不要長時間放置，要及時食用完，以免變質。

好楊梅，這樣選

NG 挑選法	OK 挑選法
☒ **顏色暗紅或者發黑**——可能已經變質。	☑ 果肉表皮的凸起向外突出，果實大小均勻
☒ **顏色發青或者青紅色**——沒有成熟。	☑ 用手捏時，軟硬適中
☒ **果肉太軟**——太過成熟，不容易保存。	☑ 聞起來有一股水果的香味
☒ **肉質太硬**——未成熟，口感酸澀。	☑ 肉質鮮嫩，汁液豐富，沒有多餘的渣滓
☒ **表皮的凸起癟下去**——採摘時間較長，不新鮮。	☑ 顏色鮮豔，有自然、均勻的光澤
☒ **聞起來有酒味**——較長時間存放的楊梅，發酵後有酒味。	
☒ **汁液較少，吃起來有渣滓**——存放時間較長，口感差。	

吃不完，這樣保存

楊梅是一種極其不容易保存的水果，常溫條件下僅 1 ～ 2 天就會變質，所以買回的楊梅一定要採取正確的保存方法。可以把買回的楊梅裝入保鮮袋內，紮緊袋口後放入冰箱冷藏室保存，不過這種方法只可以保鮮 3 ～ 5 天。值得注意的是，在保存之前不可以清洗楊梅。想要長時間保存楊梅也不是沒有辦法。可以把買回的新鮮楊梅清洗乾淨後裝入密封袋，紮緊口袋放入冰箱冷凍室冷凍保存，這種方法能保存 1 年之久。食用之前，把它拿出冷藏室解凍就可以了。 另外，還可以把楊梅製作成楊梅乾、楊梅果醬或者楊梅酒等來保存，這樣雖然口感不及新鮮楊梅，但是功效卻有增無減。

這樣吃，安全又健康

清洗

在食用之前，一定要認真清洗楊梅，只有這樣才能確保安全和健康。楊梅在生長過程中，難免不受到蟲害的侵擾，甚至表面還有農藥殘留，所以為了讓楊梅變得乾乾淨淨，在清洗時可以用下面這種方法：

“鹽水驅蟲法”：先把需要清洗的楊梅放到清水中沖洗一下，之後放入淡鹽水中浸泡 20 分鐘左右，撈出後沖洗乾淨就可以了。這樣一來，楊梅不僅變得乾乾淨淨，還能將楊梅中的白色寄生蟲沖洗驅趕出來。

健康吃法

楊梅可以直接生吃，不過要想吃到美味的楊梅，需要掌握吃楊梅的小竅門——蘸取適量食鹽吃。這樣不僅能降低楊梅酸澀的口感，還能達到生津止渴、祛暑的作用，很適合炎熱的夏季食用。除了生食之外，楊梅還適合做成罐頭、梅乾、蜜餞等，味道、營養都非常不錯。

tips

楊梅的酸味較濃，所以不能多吃，多吃後會對牙齒有損傷，另外，也不適合患有潰瘍的朋友吃。

此外，楊梅屬溫熱型水果，因此是內熱火旺體質的人最好不要貪食。

營養成分表（每 100 克含量）

熱量及四大營養元素

熱量（千卡）	脂肪（克）	蛋白質（克）	碳水化合物（克）	膳食纖維（克）
28	0.2	0.8	6.7	1

礦物質元素（無機鹽）

鈣（毫克）	14
鐵（毫克）	1
磷（毫克）	8
硒（微克）	0.31
銅（毫克）	0.02
鋅（毫克）	0.14
鈉（毫克）	0.7
鉀（毫克）	149
鎂（毫克）	10
錳（毫克）	0.72

維他命以及其他營養元素

維他命 A（微克）	7
維他命 B_1（毫克）	0.01
維他命 B_2（毫克）	0.05
維他命 C（毫克）	9
維他命 E（毫克）	0.81
煙酸（毫克）	0.3
胡蘿蔔素（微克）	40

楊梅汁

如果喜歡飲用口感較甜的飲品，可以多加入一些白糖，這樣能降低酸的程度。此飲品適合在炎熱的夏季飲用，能達到消暑的功效。

Ready

楊梅 500 克
白糖 20 克

把楊梅清洗乾淨。

在鍋內倒入適量水，把清洗乾淨的楊梅放入鍋內。

大火煮沸後，調到小火煮，同時用勺子把鍋內楊梅按壓扁。

把楊梅完全按壓扁後，關火。之後用篩子將楊梅汁濾出來。最後放入白糖調味，等徹底晾涼後放入冰箱冷藏就可以了。

鍋內的水以沒過楊梅為佳，不要太多了。

檳榔

學名	檳榔
常用名	賓門、檳楠、大白檳、仁頻、仁榔、洗瘴丹、仙瘴丹、螺果
外貌特徵	長圓形或卵球形，橙黃色
所處地帶	熱帶、亞熱帶濕潤地區

檳榔是一種熱帶、亞熱帶水果。它在我國種植面積很小，因為它的根系較淺，不利於保持水土。

好檳榔，這樣選

OK 挑選法

- ☑看形狀：果形端正，表面沒有損傷的為上品。
- ☑看顏色：表面青綠色的檳榔較為新鮮。
- ☑聞味道：新鮮的檳榔會散發出獨特的香氣。
- ☑嚐果實：新鮮檳榔入口唇齒留香，耐咀嚼且爽口。

吃不完，這樣保存

把需要保存的檳榔用乾淨的紙完全包裹起來，放到冰箱冷藏室就可以了。這種方法不適合長期保存，所以要儘快吃完。想要長期保存，可以把它製作成酒等成品保存。

這樣吃，安全又健康

清洗

購買以後最好先清洗一下檳榔的表皮再吃，清洗的時候不用太費力，只需用清水沖洗乾淨即可。

食用禁忌

檳榔質地較硬，在咀嚼過程中不但磨損牙齒，還會讓牙齒變黑，而且長期咀嚼會讓癌變概率增加。檳榔還會讓中樞和自律神經處於興奮狀態，讓血壓升高，所以孕婦和高血壓患者最好不要吃。另外，檳榔具有緩瀉、耗損真氣的效果，因此脾虛、便溏的朋友最好遠離。為了自身健康，在食用檳榔時不要吸煙，以免煙草中的有毒物質和檳榔發生化學反應而影響身體健康。

健康吃法

檳榔可以生吃，也可以做成乾品食用，因為大量食用檳榔後會影響身體健康，在此建議不要大量吃。可以用檳榔製作美食，像粥、酒等都是不錯的食用方法。

吃檳榔時如果汁液弄到衣服上，可以用按照 1:2 或 1:3 兌好的醋水來清洗。

tips

檳榔的功效：

驅蚊蟲，消積食，抗病毒，消水腫，通關節，美容等。

營養成分表（每 100 克含量）

熱量及四大營養元素

熱量（千卡）	脂肪（克）	蛋白質（克）	碳水化合物（克）	膳食纖維（克）
49	14	3	-	-

礦物質元素（無機鹽）

元素	含量	元素	含量
鈣（毫克）	0.633	鋅（毫克）	0.0117
鐵（毫克）	0.075	鈉（毫克）	-
磷（毫克）	1.635	鉀（毫克）	5.723
硒（微克）	-	鎂（毫克）	1.079
銅（毫克）	0.0146	錳（毫克）	0.0255

維他命以及其他營養元素

元素	含量	元素	含量
維他命 A（微克）	150	維他命 E（毫克）	1.21
維他命 B_1（毫克）	0.01	煙酸（毫克）	0.3
維他命 B_2（毫克）	0.04	胡蘿蔔素（微克）	897
維他命 C（毫克）	23		

馬齒莧檳榔粥

美味的馬齒莧檳榔粥具有清熱解毒、調理腸胃的功效。

Ready

檳榔 25 克
馬齒莧 200 克
粳米 125 克
白糖 10 克

把馬齒莧清洗乾淨後切碎備用，把檳榔清洗乾淨備用。

把淘洗乾淨的粳米放入鍋內，同時把檳榔也放入鍋內，之後倒入適量清水。

開火，用大火煮沸後調成文火熬煮，直到粳米全部開花。

倒入切碎的馬齒莧，煮沸後就可以食用了。在食用之前調入適量白糖味道更佳。

馬齒莧

椰棗

學　　名	椰棗
常 用 名	海棗、波斯棗、無漏子、番棗、海棕、伊拉克棗、棗椰子、仙棗
外貌特徵	長圓形或長圓狀的橢圓形
所處地帶	熱帶、亞熱帶地區

椰棗原產地在熱帶綠洲地區，唐代來到我國安家。椰棗果肉甘甜、營養豐富，在伊拉克等國家視為糧食作物。

好椰棗，這樣選

OK 挑選法

☑ 看形狀：果形端正，長圓形或長圓狀的橢圓形，表皮沒有蟲眼或者腐敗跡象，汁液豐富。

☑ 看顏色：完全成熟的椰棗顏色多為深橙黃色。

☑ 捏軟硬：挑選軟硬適中的椰棗，成熟的程度也適中。

☑ 看果肉：果肉肥厚，說明質地好，果肉乾癟，說明質量較差。

吃不完，這樣保存

也比較簡單，把購買回來的椰棗攤放到報紙上，放到陰涼、乾燥的地方就可以了。

這樣吃，安全又健康

清洗

購買以後最好先清洗一下椰棗的表皮再吃，清洗的時候不用太費力，只需用清水沖洗乾淨即可。

食用禁忌

椰棗屬溫性水果，不適合大量食用。另外，患有脂肪肝、高血壓等疾病的患者最好不要吃。

健康吃法

椰棗無論作為新鮮水果直接食用還是做成果汁、果醬、蜜餞等都非常的營養美味。去皮後的椰棗放到鮮奶中浸泡能達到治療胃潰瘍的作用。椰棗和蜂蜜混合後，不但具有治療兒童痢疾的作用，還能讓營養更加均衡。值得注意的是，椰棗果皮和內部果實之間的縫隙是小蟲子最愛的棲息地，所以在吃之前一定要確定此處是否有小蟲。

tips

椰棗的功效：

幫助消化、通便，補中益氣、潤肺止咳，養胃，排毒，補充身體能量，壯陽，解酒等。

營養成分表（每 100 克含量）

熱量及四大營養元素

熱量（千卡）	脂肪（克）	蛋白質（克）	碳水化合物（克）	膳食纖維（克）
282	0.39	2.45	75.03	8

礦物質元素（無機鹽）

鈣（毫克）	39	鋅（毫克）	-
鐵（毫克）	1.02	鈉（毫克）	2
磷（毫克）	-	鉀（毫克）	-
硒（微克）	-	鎂（毫克）	-
銅（毫克）	-	錳（毫克）	-

維他命以及其他營養元素

維他命 A（微克）	-	維他命 E（毫克）	-
維他命 B_1（毫克）	-	煙酸（毫克）	0.5
維他命 B_2（毫克）	-	胡蘿蔔素（微克）	-
維他命 C（毫克）	0.4		

美味你來嚐

黑糯米椰棗粥

椰棗的口感比較甜，所以食用時可以不加入白糖。此外，這道粥具有很好的滋補功效。

Ready

黑糯米小半碗
椰棗 7 ～ 8 枚
水

把黑糯米清洗乾淨備用，把椰棗清洗乾淨後切成小丁備用。

把洗好的黑糯米和切好的椰棗丁放入鐵鍋內，加入適量水。

開火，用大火煮沸後調製小火熬煮 90 ～ 120 分鐘。等粥變稠後即可食用。

向鍋內加水時，要一次性加足，一般為米和椰棗總量的 4 倍即可。

紅毛丹

學名	紅毛丹
常用名	毛龍眼、韶子、毛荔枝
外貌特徵	球形、長卵形或橢圓形，黃色或紅色，有刺
所處地帶	熱帶、亞熱帶溫暖濕潤地區

紅毛丹是一種產自熱帶或亞熱帶地區的水果，在中國適合它生長的地區不多，所以說它是一種稀有水果。

好紅毛丹，這樣選

OK 挑選法

☑ 看形狀：果形端正，顆粒較大且勻稱的果實汁液豐富，口感香甜。

☑ 看顏色：表皮顏色以鮮紅色或略有青色，沒有黑斑點為佳。顏色深紅的最好，發黑的不可以選。

☑ 看毛刺：表皮的毛刺以細長、質地柔軟堅韌為佳。毛刺太硬或太軟都不新鮮。

☑ 打開看：果皮較薄，果肉豐滿，汁液豐富為佳。

吃不完，這樣保存

紅毛丹以即買即食最好，一次性不要買太多，因為在常溫狀態下，3 天左右紅毛丹的顏色和味道就會發生變化。在儲存時，把新鮮的紅毛丹放入密封袋內，紮緊口後放到冰箱冷藏室保存，一般可以保鮮 7~10 天左右。需要注意的是，冰箱的溫度要保持在 0~5℃。

這樣吃，安全又健康

清洗

購買紅毛丹以後一定要認真清洗，因為它的表皮有絨毛，很容易藏污納垢。清洗時，先用清水沖洗一下，然後放到淡鹽水中用手輕輕揉搓，清洗乾淨後撈出用清水沖洗一下，等用紙巾把表面的水分擦乾或晾乾後再剝開食用，這樣做能很好地避免細菌侵襲果肉。

食用禁忌

紅毛丹果核上有一層保護膜，它堅硬且脆，腸道很難消化掉，吃進肚內也容易傷害腸胃，所以在吃的時候一定要把它丟掉。紅毛丹甜度雖不及荔枝，不過它含有蔗糖和葡萄糖，因此糖尿病人不可以吃。紅毛丹也不適合患有胃炎、胃潰瘍的朋友吃。另外，不要大量吃紅毛丹，因為它是性溫的水果，吃多容易上火。

健康吃法

紅毛丹不管是直接生吃還是加工製作成蜜餞、水果醬或者同其他蔬菜、肉類烹飪後食用，都非常營養美味。紅毛丹在烹飪中還可以替代荔枝哦。

紅毛丹的表皮堅硬，在剝它時可以試試下面的方法：用兩手上下拿著清洗乾淨的紅毛丹，模仿擰瓶蓋的動作旋轉即可。

tips

紅毛丹的功效：

清心瀉火、消除煩躁，增強身體免疫力，提升皮膚彈性、養顏護膚，改善頭暈等。

營養成分表（每100克含量）

熱量及四大營養元素

熱量（千卡）	脂肪（克）	蛋白質（克）	碳水化合物（克）	膳食纖維（克）
79	1.2	1	17.5	1.5

礦物質元素（無機鹽）

鈣（毫克）	11
鐵（毫克）	0.3
磷（毫克）	20
硒（微克）	0.11
銅（毫克）	0.21
鋅（毫克）	0.24
鈉（毫克）	2.3
鉀（毫克）	13
鎂（毫克）	65
錳（毫克）	0.35

維他命以及其他營養元素

營養元素	含量
維他命A（微克）	-
維他命 B_1（毫克）	0.01
維他命 B_2（毫克）	0.04
維他命C（毫克）	35
維他命E（毫克）	-
煙酸（毫克）	0.31
胡蘿蔔素（微克）	-

蝦仁紅毛丹沙拉

雪白的紅毛丹搭配上金黃的蝦仁瞬間把人的食慾吊起來。它還是潤膚養顏、提升身體免疫力的佳餚呢。

Ready

蝦仁 200 克
紅毛丹 300 克
花生油
食鹽
沙拉醬
生粉

把蝦仁清洗乾淨，瀝乾水分後放入適量食鹽醃製 15 分鐘左右。把紅毛丹清洗乾淨去皮取果肉備用。

向醃製好的蝦仁中放入適量生粉，讓每一個蝦仁都裹上生粉。

向鍋內倒入適量花生油，油熱後放入裹上生粉的蝦仁，炸 1 分鐘左右關火。把蝦仁撈出後瀝乾油分。

把炸好的蝦仁和紅毛丹放入容器內，調入適量沙拉醬攪拌均勻就可以吃了。

鍋內的油到六七分熱就可以，不要太熱，以免炸焦。

Part 4
堅果類

椰子

學　　名	椰子
常 用 名	胥椰、胥餘、越子頭、椰僳、胥耶、越王頭、椰糅
外貌特徵	倒卵形或近球形
口　　感	果肉滑、脆，口感甘甜

椰子是椰樹所產的果實，一種典型的熱帶水果，主產區在海南。

市面上常見的椰子有兩種，一種是青椰子，一種是黃椰子。青椰子的汁液較為清涼、甘甜，適合飲用椰汁；黃椰子的椰肉較為厚實，比較適合用來食用椰肉或者製作椰蓉、榨油等。

好椰子，這樣選

NG 挑選法	OK 挑選法
✗ **沒有外殼**——可能會發生變質，尤其是長時間存放的。	☑ 有完整、青色的外皮
✗ **搖晃時能聽到椰汁晃動的聲音**——可能椰子太老了或者存放時間太長了。	☑ 三個眼的地方為白色則較嫩，呈棕色則較老
✗ **椰汁中有凝結塊，口感酸澀**——已經變質的椰汁，不適合飲用。	☑ 搖晃時沒有椰汁晃動的響聲，只有清脆的響聲
✗ **頂部三棱處柔軟發蔫**——果實成熟度太高，味道較差。	☑ 椰汁乳白色、濃稠，有香氣
	☑ 頂部三棱處較為堅硬

吃不完，這樣保存

椰子外面有一層較為堅硬的殼，所以保存並不是很難。把剛買回的、帶殼帶皮的椰子放到陰涼、避光、低溫的環境中即可。也可以把完整的椰子放到冰箱冷藏室保存，這樣可以保存 2 個月之久。

完整的椰子因為有外殼保存起來較為方便，但是打開的椰子保鮮就沒有那麼容易了，因為椰肉裸露在空氣中變質的速度會加快，所以可以把切開的椰子的椰肉用保鮮膜包裹起來，減少和空氣的接觸，之後放到冰箱冷藏保存。不過這種方法保存的時間並不長，要及時食用完畢。另外，也可以把椰肉切成絲，裝入保鮮袋內紮緊袋口後放到冰箱冷凍保存。

椰汁是最難保存的，所以要及時飲用，保存時也可以密封好放到冰箱冷藏室保存，一定要儘快飲用完畢。

這樣吃，安全又健康

清洗

在食用之前，為了健康安全和食用方便，清洗是不可缺少的，把椰子打開也是非常必要的。

清洗椰子。椰子表面有堅硬的外殼，為了減少細菌的二次污染，在食用之前可以用水將表皮稍微沖洗一下。

打開椰子。需要準備一把乾淨的螺絲刀、一把刀。首先找到椰子上的三個眼，之後把椰子放到防滑的地方，用螺絲刀不停地錐鑽這個地方，等鑽開之後把椰汁倒出來；之後用一把刀沿著椰子身上的紋路敲擊，在敲擊時一隻手拿著椰子不停地轉動，另一隻手拿著刀敲，這樣幾下就能把椰子打開了。在敲擊時最好將椰子放到一個容器的上面，這樣剩餘的椰汁會流入容器中。

健康吃法

鮮飲椰子汁不但具有生津、利尿、潤膚的功效，還具有解渴解暑的功效，是夏季祛暑的佳品。椰汁美味，椰肉也不甘示弱，椰肉味道鮮美，含有脂肪酸、油酸、月桂酸等物質，在補充身體能量、美容養顏方面的功效是很顯著的。想要讓椰子的功效完全被人體吸收，那最好的方法就是燉湯。

tips

椰子雖然營養元素多樣，但並不是所有人均能食用。椰子中含有大量葡萄糖、果糖等糖分，糖尿病朋友不能吃。椰汁性屬溫，所以常常發脾氣、口乾舌燥的人不能吃。心力衰竭的人也最好遠離椰子，以免加重心臟負擔。

營養成分表（每 100 克含量）

熱量及四大營養元素

熱量（千卡）	脂肪（克）	蛋白質（克）	碳水化合物（克）	膳食纖維（克）
231	12.1	4	31.3	4.7

礦物質元素（無機鹽）

鈣（毫克）	2
鐵（毫克）	1.8
磷（毫克）	90
硒（微克）	-
銅（毫克）	0.19
鋅（毫克）	0.92
鈉（毫克）	55.6
鉀（毫克）	475
鎂（毫克）	65
錳（毫克）	0.06

維他命以及其他營養元素

維他命 A（微克）	-
維他命 B_1（毫克）	0.01
維他命 B_2（毫克）	0.01
維他命 C（毫克）	6
維他命 E（毫克）	-
煙酸（毫克）	0.5
胡蘿蔔素（微克）	-

椰子烏雞湯

這道湯既有椰子的香氣又有肉的香味，在健脾益腎、化痰止咳方面有一定功效。

Ready

椰子 1 個
烏雞 1 隻
豬骨 500 克
薑
食鹽

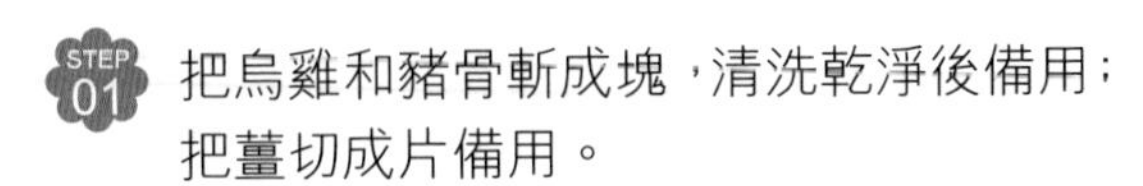
STEP 01 把烏雞和豬骨斬成塊，清洗乾淨後備用；把薑切成片備用。

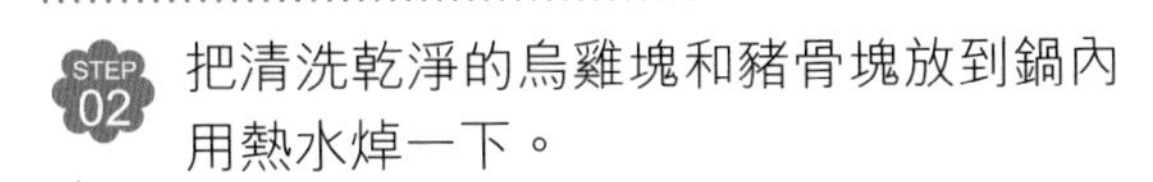
STEP 02 把清洗乾淨的烏雞塊和豬骨塊放到鍋內用熱水焯一下。

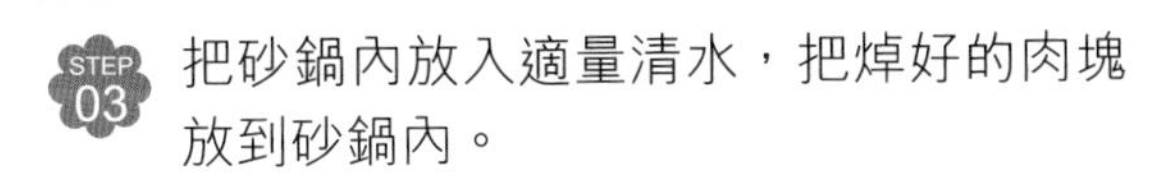
STEP 03 把砂鍋內放入適量清水，把焯好的肉塊放到砂鍋內。

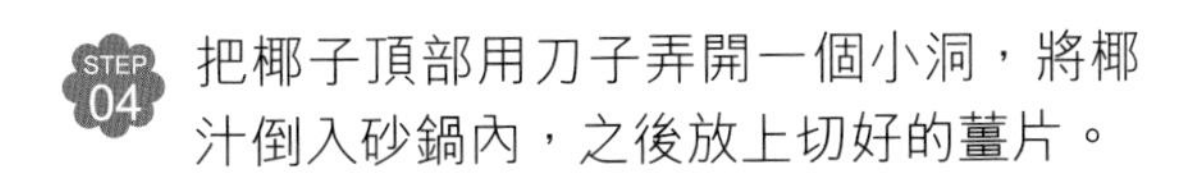
STEP 04 把椰子頂部用刀子弄開一個小洞，將椰汁倒入砂鍋內，之後放上切好的薑片。

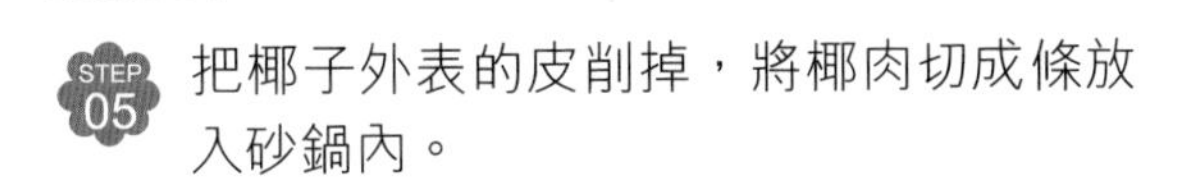
STEP 05 把椰子外表的皮削掉，將椰肉切成條放入砂鍋內。

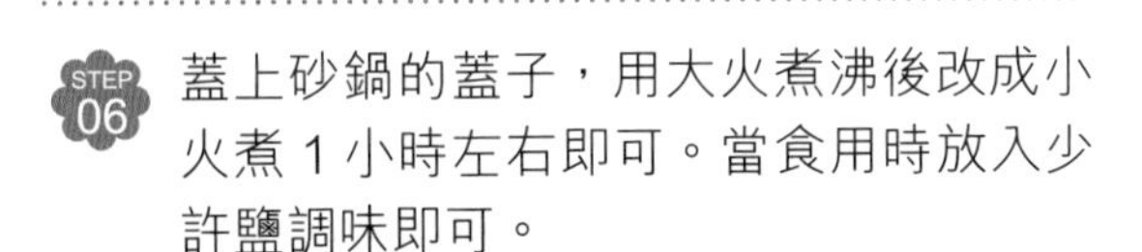
STEP 06 蓋上砂鍋的蓋子，用大火煮沸後改成小火煮 1 小時左右即可。當食用時放入少許鹽調味即可。

山竹

學名	山竹
常用名	莽吉柿、山竺、山竹子
外貌特徵	扁圓形，深紫色，像柿子
口感	肉質軟嫩，口感甘甜

最近幾年，山竹逐漸走進了百姓的水果碟內。市場上出售的山竹很多都是來自冷庫，在選擇這樣的山竹時，一定要注意觀察果蒂是否新鮮，購買時要慎重，以免食用後引起身體不適。

好山竹，這樣選

NG 挑選法	OK 挑選法
☒ **果蒂為褐色或者黑色**——有可能存放時間太長或已經變質。	☑ 果皮完整，沒有黃色汁液，沒有硬塊，縫隙沒有昆蟲殘留
☒ **表皮捏起來非常硬或者非常軟**——太硬可能是風乾或者太老了，太軟可能腐爛了。	☑ 果蒂為新鮮的綠色，越綠越新鮮
☒ **底部萼片的數量不一定越多越好**——太多單獨的果肉可能不飽滿。	☑ 打開後果肉呈乳白色的較為新鮮
☒ **掂重量時不要選擇較輕的**——水分少，可能風乾了，不夠新鮮。	☑ 用手捏果殼時，軟硬適中，彈性較好
	☑ 一般底部有幾個萼片內部就有幾瓣果實
	☑ 用手掂時，重量較重的較為新鮮

吃不完，這樣保存

山竹雖然被一層層外皮包裹，不過這層外皮並不堅硬密封，而是在採摘後就與果肉分開了，很難對果肉起到非常好的保護作用。再加之果皮的透氣性，導致果肉和空氣接觸會很容易，水分流失也會加快，所以在存儲時最好的辦法就是同氧氣隔絕、放到低溫的環境中。 在保存山竹時可以用下面的方法：首先要挑選完好無損的山竹，之後把它裝入保鮮袋內，將空氣排出後把袋口紮緊，最後放到冰箱冷藏室保存就可以了。一般情況下，5天後口感便會下降。

這樣吃，安全又健康

清洗

為了確保身體安全和健康，在食用之前，對山竹進行清洗是非常有必要的。不過山竹對生長環境要求比較嚴格，很少受到蟲害和農藥的侵襲，所以清洗起來比較簡單。

把買回的山竹放到流動的清水中反覆沖洗，這樣可以將縫隙，尤其是果蒂處，存在的螞蟻等昆蟲沖乾淨，這樣才能確保山竹被徹底洗乾淨了。

健康吃法

山竹有嫩白的果肉、豐富的汁液，非常適合生吃，它不但能降燥解熱，還能潤膚祛痘，很適合面部長痘的年輕人吃。山竹還適合身體正常的孕婦吃，因為它含有的多種營養成分，對身體具有很好的滋補功效。如果把山竹的果皮削開，在冰箱冷藏 1 ～ 2 個小時左右，會讓它的口感大大提升。不但如此，山竹還是食用補益作用超強的榴槤後不錯的調和水果呢，它能很好地預防食用榴槤後出現的上火症狀。另外，在製作山竹果汁時放入適量哈密瓜，不但能中和山竹的寒性特徵，還能達到利於大腦發育的功效。

山竹的表皮在切開時會有紫色的汁液流出，一旦弄到衣服上清洗較為麻煩。可以用陳醋或食鹽塗抹搓洗。如果依然無法清洗乾淨，可以用稀釋了蔬果專用清洗劑浸泡清洗。

tips

孕婦，尤其是患有糖尿病、腎病、心臟病的孕婦應儘量少食用山竹。另外，山竹屬寒涼水果，因此不適合同寒涼的西瓜等水果一起吃。

營養成分表（每 100 克含量）

熱量及四大營養元素

熱量（千卡）	脂肪（克）	蛋白質（克）	碳水化合物（克）	膳食纖維（克）
69	0.2	0.4	18	1.5

礦物質元素（無機鹽）

鈣（毫克）	11
鐵（毫克）	0.3
磷（毫克）	9
硒（微克）	0.54
銅（毫克）	0.03
碘（微克）	1.1
鋅（毫克）	0.06
鈉（毫克）	3.8
鉀（毫克）	48
鎂（毫克）	11
錳（毫克）	0.1

維他命以及其他營養元素

維他命 A（微克）	-
維他命 B_1（毫克）	0.08
維他命 B_2（毫克）	0.02
維他命 B_6（毫克）	0.03
維他命 C（毫克）	1.2
維他命 E（毫克）	0.36
煙酸（毫克）	0.6
葉酸（微克）	7.4
胡蘿蔔素（微克）	-

美味你來嚐

山竹生菜沙拉

這道美味口感清爽，在降低膽固醇含量和淨化血液方面功效非常顯著。

Ready

山竹 2 個
蘋果 1 個
番茄 1 個
生菜 1 小顆
沙拉醬

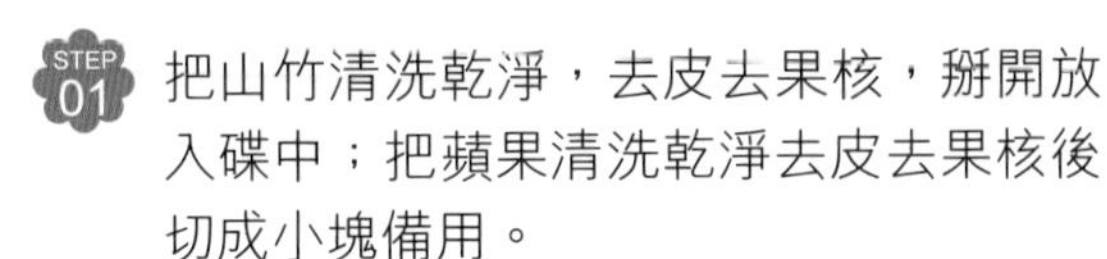

STEP 01 把山竹清洗乾淨，去皮去果核，掰開放入碟中；把蘋果清洗乾淨去皮去果核後切成小塊備用。

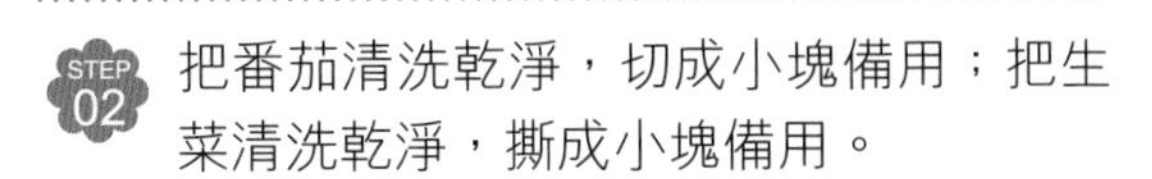

STEP 02 把番茄清洗乾淨，切成小塊備用；把生菜清洗乾淨，撕成小塊備用。

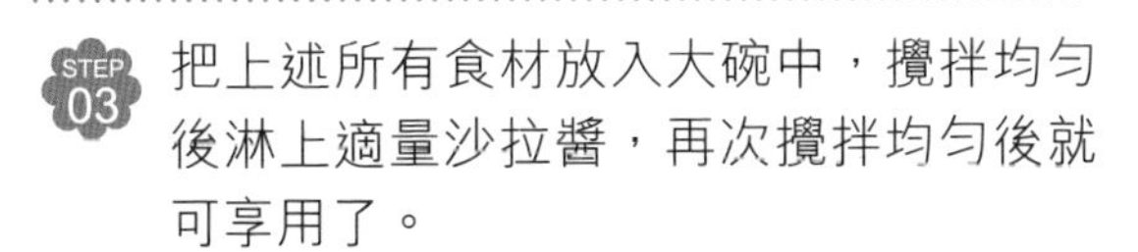

STEP 03 把上述所有食材放入大碗中，攪拌均勻後淋上適量沙拉醬，再次攪拌均勻後就可享用了。

榴槤

學名	榴槤
常用名	韶子、麝香貓果
外貌特徵	球形或橢圓形，淡黃色，有刺
口感	果肉柔軟，口感酸甜，有爛洋蔥味

榴槤有特殊的味道，喜歡與不喜歡的人各有取態，所以在很多公共場所，比如餐廳、賓館、飛機場等公共場所，是不允許攜帶進入的，一定要注意。

好榴槤，這樣選

NG 挑選法	OK 挑選法
☒ **用手敲時沒有清脆的聲音**——有可能榴槤還沒有成熟。	☑ 用手掂時，重量較輕，說明果核較小
☒ **帶有蟲眼**——可能切開會有蟲子。	☑ 顏色以黃色較佳，暗黃色或褐色的較甜
☒ **顏色青綠**——說明果實沒有成熟。	☑ 果形較大，表面沒有蟲眼，汁液豐富，口感較甜
☒ **個頭較小，丘陵狀凸起少**——水分不足，果肉較少。	☑ 用手輕彈，有清脆回聲的一般已經熟了
☒ **用手掂時重量較重**——說明果核較大，只有七八分熟。	☑ 自然開裂，有自然的香氣，說明已經成熟
	☑ 表面的丘陵凸起越多，裏面的果肉也較多

吃不完，這樣保存

榴槤體形較大，如果家中人較少，是很難一次性食用完畢的。這時要面臨的一個問題就是保存。已經剝開的榴槤，可以把果肉全部從果殼內拿出來裝入保鮮盒內，蓋上蓋子後再用保鮮袋裝好，紥緊袋口後放到冰箱冷藏室保存即可。另外，還可以把每一部分果肉用保鮮膜完全包裹住，然後裝入保鮮盒內放到冷藏室保存或者冷凍保存。另外，在吃榴槤時，吃多少剝出來多少，剩餘的留在果殼內，然後用保鮮膜包裹好，放到冰箱冷藏室保鮮就可以，這樣保存的時間會長一些。

完整沒有裂開的榴槤可以放到陰涼的地方保存。如果榴槤沒有裂開，可以用報紙包裹住，把報紙點燃燒著，等報紙完全燃燒後趁熱再用報紙包裹住，放到溫暖的地方，1 ～ 2 天就能聞到香味了。

這樣吃，安全又健康

打開

榴槤果肉的外面包裹著一層厚厚的果皮，所以果肉食用之前一般不需要清洗。不過在食用時需要把它打開，打開時要注意不要把髒東西弄到榴槤的果肉上，器具也要保證乾淨。想要成功打開榴槤，可以試試下面的方法：

首先觀察一下榴槤，這時會看到在榴槤的頂部有幾條線，之後拿著刀子沿著這些線向果肉內部紥 2 厘米左右，然後沿著線向下切 8 厘米左右，把刀子拿出來，用手順著線掰開就可以了。

健康吃法

榴槤被稱為“水果之王”，由此可見它含有豐富的營養物質。常吃榴槤能達到強健身體、滋補腎臟的作用。眾所週知，榴槤會散發出一種獨特的味道，正是這個味道造就了榴槤幫助消化、促進食慾的作用。榴槤屬熱性水果，所以食用後能有效達到活血化瘀、緩解經期疼痛的作用， 很適合痛經和腹部寒涼的朋友吃。想要讓榴槤的功效完全發揮出來，可以把它和雞肉一起燉食，雞肉能有效中和榴槤的熱性，達到滋陰、益氣等功效，如果在冬季食用功效會更加顯著。此外，吃完榴槤後吃上幾顆山竹，能很好地防止上火。如果沒有山竹，可以吃一些西瓜等涼性水果，甚至可以在食用榴槤的同時飲用一些淡鹽水。值得注意的是，在食用榴槤後 9 個小時之內禁止飲酒，以免損傷身體。

tips

榴槤中糖分的含量極高，所以不適合患有糖尿病的患者吃。它的熱量也很高，減肥的朋友最好不要吃。榴槤中含有大量鉀元素，不適合腎病、心臟病或便秘的朋友吃。

另外，榴槤屬熱性水果，汁液黏稠，所以不適合喉痛、感冒咳嗽，體質陰虛、氣管有過敏症的朋友吃。

營養成分表（每 100 克含量）

熱量及四大營養元素

熱量（千卡）	脂肪（克）	蛋白質（克）	碳水化合物（克）	膳食纖維（克）
147	3.3	2.6	28.3	1.7

礦物質元素（無機鹽）

鈣（毫克）	4
鐵（毫克）	0.3
磷（毫克）	38
硒（微克）	3.26
銅（毫克）	0.12
鋅（毫克）	0.016
鈉（毫克）	2.9
鉀（毫克）	261
鎂（毫克）	27
錳（毫克）	0.22

維他命以及其他營養元素

維他命 A（微克）	3
維他命 B_1（毫克）	0.2
維他命 B_2（毫克）	0.13
維他命 C（毫克）	2.8
維他命 E（毫克）	2.28
煙酸（毫克）	1.19
葉酸（微克）	116.9
胡蘿蔔素（微克）	120

美味你來嚐

榴槤糯米糍

軟軟的糯米團搭配上軟軟的榴槤果肉，不但具有補腎、滋陰、清熱的功效，還能達到健腦益智的作用。

Ready

榴槤 250 克
糯米粉 150 克
生粉 40 克
白糖 50 克
牛奶 250 克
熟糯米粉 50 克
植物油 15 克

STEP 01 把糯米粉、生粉、白糖、牛奶、植物油一起放到一個大玻璃碗中攪拌均勻。

STEP 02 把大碗放入蒸鍋內，水沸後用大火蒸 15 分鐘。然後把大碗拿出晾涼。

STEP 03 開火，把準備好的熟糯米粉放到鍋內翻炒 1 分鐘後關火。

STEP 04 兩手沾滿熟糯米粉後揉搓已經蒸好的麵糰，將麵糰揉好後切成大小相等的塊。

STEP 05 拿其中一塊麵糰壓成片後包裹住榴槤，全部弄好後放入冰箱冷藏，1 小時後就可以吃了。

Part 5
柑橘類

橙

學名	橙
常用名	柳橙、甜橙、黃果、金環、柳丁
外貌特徵	圓形至長圓形，油胞向外凸
口感	肉質細嫩，酸甜可口

橙是人們常食的水果。起源自亞洲，現在全世界都廣泛種植，每年全球總產量超過 6 千萬噸；有近半會被製成橙汁。中國橙主要產於東南部，收成期在冬季。

橙含有豐富的維他命、微量元素和膳食纖維，營養價值很高。

好橙，這樣選

有些商家會用染色的橘子來充當橙欺騙消費者，所以在選購橙子的時候對這一點要分外留意。 市面上常見的橙子是甜橙子，這種橙子口感酸甜，比較適合人們的口味。其實還有一種酸橙子，味道苦，不適合直接鮮食，常常用來製作果汁等。

NG 挑選法	OK 挑選法
☒ **顏色非常黃，表皮光滑**——有可能是染色的橙子。	☑ 果蒂較小，用手捏時軟硬適中，掂時比較重
☒ **果形既圓又胖，果蒂和果形都很大**——肉質不好，口感比較差。	☑ 聞起來有甜甜的橙子的香氣
☒ **表皮厚重，捏起來異常堅硬**——水分少，口感差。	☑ 切開後果皮較薄，汁液充盈，顏色鮮豔
☒ **用手掂時相比重量比較輕**——水分少，甜度不夠。	☑ 表皮顏色較深，較為粗糙，沒有油膩感
	☑ 果形端正，以身形長者為佳，大小適中

吃不完，這樣保存

把買回的橙子表面用乾布擦拭乾淨，再放到陰涼處保存一天，之後把橙子裝入乾燥的保鮮袋內，每個袋子不要太多，好讓橙子能一次排開，然後把密封好的保鮮袋放入紙箱內，蓋好箱子的蓋子後搬到陰涼處存放，溫度最好控制在 8~10℃，相對濕度控制在 85% 左右就可以了。在家存放時，可以在地上放上一盆水來增加濕度。

這樣吃，安全又健康

清洗

保證健康和安全，在食用之前一定要認真清洗。為了讓橙子變得乾淨，可以試試下面的方法：

鹽水浸泡法：把水中調入適量食鹽，稀釋好後放入橙子浸泡，並用刷子輕輕刷洗，最後再用清水沖洗乾淨，這樣不但能讓橙子變得乾淨，還能殺死表皮上的有害細菌呢！

淘米水清洗法：把橙子放到淘米水中浸泡，並用手輕輕搓洗，幾分鐘後再用清水沖洗乾淨就可以。鹼性的淘米水能有效中和酸性的農藥。除了用淘米水之外，還可以用鹼水或者麵粉水。

健康吃法

要想讓橙子的營養被人體充分吸收，需要掌握吃橙子的技巧。想讓橙子發揮促進血液循環、滋潤皮膚、抗衰老的作用，可以把橙子和蛋黃醬放到一起食用，這樣有助於維他命 C 和維他命 E 的搭配利用。想要提升身體免疫力和抗感冒的能力，那不妨吃橙子的時候再吃一個柑，這是因為柑中的維他命 P 可以促進身體吸收維他命 C。另外，在吃牛油（奶油）的時候吃上一個橙子，可以有效阻止身體吸收牛油中的膽固醇。

tips

飯後或空腹的時候不適合吃橙子，因為橙子中含有的有機酸會刺激胃黏膜。吃橙子前後 1 小時之內不要飲用牛奶或高蛋白質的食物，以免導致果酸和蛋白質結合影響消化。

吃完橙子後要及時漱口刷牙，以免損傷牙齒。

營養成分表（每 100 克含量）

熱量及四大營養元素

熱量（千卡）	脂肪（克）	蛋白質（克）	碳水化合物（克）	膳食纖維（克）
47	0.2	0.8	11.1	0.6

礦物質元素（無機鹽）

鈣（毫克）	20
鐵（毫克）	0.4
磷（毫克）	22
硒（微克）	0.31
銅（毫克）	0.03
鋅（毫克）	0.14
鈉（毫克）	1.2
鉀（毫克）	159
鎂（毫克）	14
錳（毫克）	0.05

維他命以及其他營養元素

維他命 A（微克）	27
維他命 B_1（毫克）	0.05
維他命 B_2（毫克）	0.04
維他命 C（毫克）	33
維他命 E（毫克）	0.56
煙酸（毫克）	0.3
胡蘿蔔素（微克）	160

香橙白菜絲

清脆可口的香橙白菜絲在生津止渴、預防便秘、促進消化方面的功效很顯著。

Ready

香橙 1 個
大白菜半顆

把大白菜去掉葉子，留下白菜幫（莖），去薄後切成絲。

把切好的白菜絲放入冷水中浸泡，待用時撈出。

把橙子去皮，選取其中一部分黃色的橙皮，清洗乾淨後切成末備用。

把橙子果肉榨出汁，固體部分不要。

把水中的白菜絲撈出裝碟，然後把橙皮末撒到上面，淋上橙汁即可享用。

放入冷水中能保持白菜清脆的口感。

橘子

學　名	橘子
常用名	柑橘、寬皮橘、蜜橘、黃橘、紅橘、大紅袍、大紅蜜橘、臍橙
外貌特徵	扁圓形或近圓球形，頂部有果臍
口　感	果肉粒狀，酸甜可口

在《晏子春秋》中有：橘生淮南則為橘，生於淮北則為枳。從這裏不難看出口，橘子是典型的南方水果，不過現在各大城市都能發現它的身影，這首先歸功於交通的便利，但是也不能忽視保鮮技術。

市面上常見的橘子有兩種顏色，一種是黃色，口感比較甜，另一種是青綠色，這種口感較黃色的口感稍微酸一些。

好橘子，這樣選

NG 挑選法	OK 挑選法
✗ **顏色青綠色或異常鮮紅**——有可能是沒有成熟或成熟度太高了。	☑ 用手輕捏時，稍微緊實但不硬，彈性較好
✗ **果形非常大或非常小**——太大的皮厚、不甜，太小的沒有發育好、口感酸。	☑ 表皮光滑，有均勻的光澤，油細胞緊密
✗ **表皮粗糙、手感非常硬**——可能沒有成熟或帶著酸澀。	☑ 聞起來有特殊的香氣
✗ **用手捏時非常軟**——成熟度太高或者已經變質。	☑ 果形大小適中，顏色為黃色或橙黃色
✗ **果蒂發蔫，用手掂時分量非常輕**——水分少，口感差。	☑ 打開後皮薄、果肉飽滿
	☑ 用手輕掂，重量比較重的汁液豐富
	☑ 果蒂綠色，新鮮

吃不完，這樣保存

橘子汁液豐富，冬季在溫暖的室內放上四五天就開始腐爛了。如果一時吃不完那應該如何來保存它呢？

首先，從剩餘的橘子中挑選出表皮完整、沒有任何損傷的橘子；其次，把小蘇打和清水按照 1：100 的比例稀釋好；第三，把挑選好的橘子全部浸在小蘇打水中，注意一定要把橘子全部都浸入其中才可以，並把每個橘子都搓洗一下；第四，把橘子撈出來後用乾布擦拭乾，並放到陰涼、通風處徹底風乾；第五，把表面徹底風乾的橘子按照一定數量分別裝入保鮮袋內，並密封好袋口；第六，在箱子底部鋪上一些松枝，把裝好橘子的保鮮袋放入箱內，再在上面鋪上一層松枝，之後再在松枝上面放裝好的橘子，這樣一層松枝一層橘子，直到橘子裝完；第七，把裝著橘子的箱子放到陰涼的地方。這樣能保存 6 個月之久。

上述方法中除了用蘇打水浸泡，還可以用搗碎的大蒜熬煮成的汁液浸泡。

這樣吃，安全又健康

清洗

為了保證身體健康和安全，在食用之前一定進行清洗。不過橘子的清洗方法很簡單。 把橘子放入水中浸濕，在表皮上塗抹上適量的食鹽輕輕搓洗，再用清水沖洗乾淨即可。

健康吃法

讓橘子的營養元素被身體充分吸收，那在食用時就要掌握相應的技巧。橘子汁液豐富，含有大量的維他命 C，具有提升身體免疫力的作用。把橘子榨成果汁，每天飲用 750 毫升，對心血管非常有好處。除了果肉之外，橘皮（曬乾成陳皮）也能食用。橘皮具有止咳化痰、理氣等功效。熬粥時放入幾片陳皮，不但能讓粥增添清香的味道，還能達到開胃、解鬱的作用。在製作肉類美食時，放入幾片橘子皮不僅能去除油膩，還能提鮮。

新鮮的橘子皮不能泡水喝，因為橘皮上的保鮮劑很難清洗掉，溶解到水中後對身體影響非常大。

tips

橘子中含有大量有機酸，不適合腸胃功能欠佳的人、老人和嬰兒吃。不要一次性吃大量橘子，以免導致上火。飯前和空腹不要吃橘子，以免刺激胃腸黏膜。吃完橘子後要及時漱口，減少對牙齒的損害。

營養成分表（每 100 克含量）

熱量及四大營養元素

熱量（千卡）	脂肪（克）	蛋白質（克）	碳水化合物（克）	膳食纖維（克）
43	0.1	0.8	10.2	0.5

礦物質元素（無機鹽）

鈣（毫克）	24
鐵（毫克）	0.2
磷（毫克）	18
硒（微克）	0.7
銅（毫克）	0.11
鋅（毫克）	0.13
鈉（毫克）	0.8
鉀（毫克）	128
鎂（毫克）	14
錳（毫克）	0.03

維他命以及其他營養元素

維他命 A（微克）	82
維他命 B_1（毫克）	0.04
維他命 B_2（毫克）	0.03
維他命 C（毫克）	35
維他命 E（毫克）	1.22
煙酸（毫克）	0.2
胡蘿蔔素（微克）	490

橘子罐頭

橘子罐頭確保了橘子原汁原味。

Ready

橘子 250 克
白糖 150 克

把橘子清洗乾淨，剝掉皮後將果肉掰開備用。

鍋內注入適量水，把橘子和白糖放入鍋內。

大火煮至白糖溶化，水沸騰後關火。

趁熱把煮好的橘子裝入玻璃瓶中。

鍋內再次放入水燒開，然後將玻璃瓶放到水中煮 5 分鐘後蓋上蓋子，取出來晾涼放入冰箱冷藏即可。

檸檬

學名	檸檬
常用名	檸果、洋檸檬、益母果
外貌特徵	橢圓形或者倒卵形
所處地帶	亞熱帶、溫帶地區

在生活中，檸檬似乎並不常吃，不過常常會使用檸檬汁，尤其是在製作果汁時。想要得到新鮮的檸檬汁，必須使用新鮮的檸檬。

好檸檬，這樣選

OK 挑選法
☑ 看形狀：圓圓胖胖的檸檬汁液多，口感不是很酸；果形尖的檸檬口感比較酸。
☑ 看顏色：表皮為鮮黃色，光澤均勻、表皮發亮的檸檬比較新鮮。
☑ 頂部：頂部也就是和枝乾相連處，如果是綠色說明新鮮，如果是褐色則不新鮮。
☑ 憑手感：果實堅硬的檸檬口感比較酸，稍微發軟的則不是很酸。

吃不完，這樣保存

新鮮且完整的檸檬在常溫條件下可以保存 1 個月之久，不過要放到陰涼、通風、避光的地方。此外，還可以把它用保鮮紙包裹好，放到冰箱的冷藏室保存。

切開的檸檬保存起來就比較麻煩了。可以把切開的檸檬放到蜂蜜、白糖和冰糖中醃製，這樣保存的時間較長，而且口感也不會大打折扣。不過需要注意的是，蜂蜜、白糖或者冰糖中都不能有任何水分。

另外，還可以把吃剩的檸檬榨成檸檬汁，把汁液密封到容器內放到冰箱冷藏室，這樣可以保存 3 天的時間。

這樣吃，安全又健康

清洗

檸檬的表皮上有一層果蠟，還可能有農藥的殘留，因此在清洗時，可以採用下面兩種方法：

“淘米水清洗法”：把檸檬放入溫度在 40 ～ 60℃的淘米水中浸泡 10 分鐘左右，撈出後用清水沖洗一下就可以了。因為熱的、鹼性的淘米水不但能中和酸性的殘留農藥，還能融化果蠟，讓檸檬變得更乾淨。除了使用淘米水之外，還可以使用麵粉水。

“食鹽清洗法”：把浸泡過水的檸檬，表面塗抹上食鹽，輕輕搓洗，之後用清水沖洗乾淨就可以了。需要注意的是，搓洗時力度不要太大， 以免對表皮造成破壞。

食用禁忌

因為檸檬口感非常酸，所以不適合胃酸過多、患有胃腸潰瘍的朋友食用。口感極酸的檸檬一次不能大量食用，以免對牙齒、筋骨造成損傷。需要注意的是，檸檬是一種感光水果，所以在接受日曬之前要避免食用或敷用，以免引起皮膚炎症。

健康吃法

作為新鮮水果的檸檬，因為口感非常酸，所以不適合直接食用。可以把它榨成果汁，調入蜂蜜或者冰糖後飲用。愛美的女士不妨喝一些檸檬汁，因為它有不錯的減肥效果。另外，它還是配菜的好食材，無論是西餐還是中餐都能發現它的身影，檸檬不但可以提升口感，還能達到去腥除膩的作用。

檸檬的功效：

生津止渴、降暑、開胃，化痰、清熱，消炎、抗菌，美白肌膚，延緩衰老，預防晨嘔，預防心血管疾病等。

營養成分表（每 100 克含量）

熱量及四大營養元素

熱量（千卡）	脂肪（克）	蛋白質（克）	碳水化合物（克）	膳食纖維（克）
35	1.2	1.1	6.2	0.8

礦物質元素（無機鹽）

鈣（毫克）	101
鐵（毫克）	0.8
磷（毫克）	22
硒（微克）	0.5
銅（毫克）	0.14
鋅（毫克）	0.65
鈉（毫克）	1.1
鉀（毫克）	209
鎂（毫克）	37
錳（毫克）	0.05

維他命以及其他營養元素

維他命 A（微克）	-
維他命 B_1（毫克）	0.05
維他命 B_2（毫克）	0.02
維他命 C（毫克）	22
維他命 E（毫克）	1.14
煙酸（毫克）	0.6
胡蘿蔔素（微克）	-

檸檬冰紅茶

鮮豔的茶湯搭配上如花瓣一般的檸檬片，不但具有生津止渴的作用，還能達到和胃、健脾的功效。

Ready

檸檬半個
紅茶包 1 個
蜂蜜
食鹽

把紅茶包放入茶杯中，沖入已經準備好的沸水，半分鐘後將茶包撈出來，等到茶水變涼後，倒入冰箱冷凍格的容器內，放到冰箱冷凍室冷凍成冰塊。

把檸檬清洗一下，在果皮上均勻地塗抹上食鹽，輕輕搓一會兒後清洗乾淨，瀝乾水分，切成檸檬片備用。

把冷凍好的紅茶冰塊放入較深的、耐熱的玻璃杯中，之後放 2~3 片檸檬片進入。

把已經使用過的紅茶包放入另一個玻璃杯中，再次倒入沸水泡製茶湯，之後把泡好的茶湯快速倒入步驟三的玻璃杯中，等到茶湯稍微冷卻後調入適量蜂蜜就可以飲用了。

塗抹食鹽主要是去掉果皮上的果蠟，提升茶的口感。

柑

學　　名	柑
常用名	柑子、金實
外貌特徵	圓球形
所處地帶	熱帶、亞熱帶濕潤地區

柑是一種熱帶水果，是橘和橙等的混合品種。柑的外表和橘相似，常被混淆；一般來説，柑的個頭比橘大，比柚小，皮比橘厚。柑的味道較甜。

好柑，這樣選

OK 挑選法

☑ 看形狀：果形端正，個頭比較大，汁液豐富，口感好。

☑ 看顏色：顏色為黃色或者橙黃色，果皮比較粗糙，果實質量較好。

☑ 憑手感：挑選較沉的柑，這樣的果實汁液多，果肉豐滿。

☑ 看果肉：打開後果皮較橘皮厚，果肉飽滿。

吃不完，這樣保存

柑不易保存，非常容易腐爛，所以保存柑時可以參考橙子或橘子的保存方法。把柑的表皮擦乾裝入保鮮袋密封好後，裝入紙箱，放到陰涼處即可。也可以用蘇打水浸泡後來保存。

這樣吃，安全又健康

清洗

柑的清洗方法同橙子的清洗方法類似，可以用鹽水浸泡和淘米水浸泡的方法來清洗它。

食用禁忌

因為柑是一種屬性寒涼的水果，因此脾胃虛寒、腸胃功能不好的朋友不要吃。柑口感較酸，有聚痰的功效，因此患有慢性咳嗽的朋友不要吃。老人和兒童也不要大量吃柑，以免導致腰酸背痛或者上火。另外，在吃柑後 1 小時內不要喝牛奶，以免牛奶中的蛋白質和柑中的果酸、維他命 C 結合形成胃結石，影響身體健康。

健康吃法

柑無論是作為新鮮的水果生吃，還是製作成果汁或者佳餚食用都非常美味。柑生吃具有和胃、潤肺、降低膽固醇的作用。柑同甘蔗一起製作成果汁飲用，不僅能治療口乾舌燥，還具有解酒的作用。

柑的功效：

生津止渴、清肺熱、利咽喉，抗過敏，化痰止咳，利尿、和胃、醒酒等。

營養成分表（每 100 克含量）

熱量及四大營養元素

熱量（千卡）	脂肪（克）	蛋白質（克）	碳水化合物（克）	膳食纖維（克）
51	0.2	0.7	11.9	0.4

礦物質元素（無機鹽）

鈣（毫克）	35	鋅（毫克）	0.08
鐵（毫克）	0.2	鈉（毫克）	1.4
磷（毫克）	18	鉀（毫克）	154
硒（微克）	0.3	鎂（毫克）	11
銅（毫克）	0.04	錳（毫克）	0.15

維他命以及其他營養元素

維他命 A（微克）	148	維他命 E（毫克）	0.92
維他命 B_1（毫克）	0.08	煙酸（毫克）	0.4
維他命 B_2（毫克）	0.04	胡蘿蔔素（微克）	890
維他命 C（毫克）	28		

美味你來嚐

冰糖燉柑

美味的冰糖燉柑在止咳化痰、生津、解酒方面的功效比較顯著。

Ready

鮮柑 1 個
生薑 2 片
冰糖

把鮮柑清洗乾淨，帶皮切成小塊。

把切好的柑放入燉盅中，然後把薑片、冰糖也放入其中。

用燉盅隔水燉半個小時左右即可。

柑一定要連皮一起燉，這樣功效才更突出。

柚子

學　名	柚子
常用名	文旦、香欒、朱欒、內紫、條、雷柚、碌柚、胡柑、臭橙、臭柚
外貌特徵	葫蘆形、梨形或者球形，底部平坦
所處地帶	亞熱帶濕潤地區

柚子喜歡溫暖濕潤的環境，在我國主要的種植區為廣東和福建等地。柚子是化痰止咳、清熱去火的佳果。

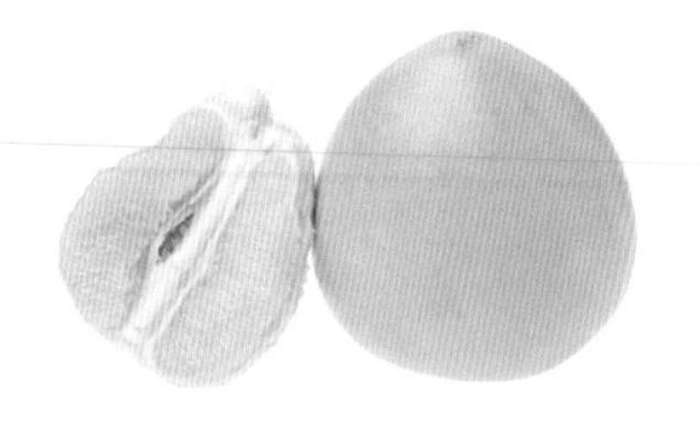

好柚子，這樣選

OK 挑選法

☑ 看形狀：選擇上尖下寬，形狀扁圓形、頸比較短的，果肉多，口感佳。

☑ 看表皮：表皮淡黃色或橙黃色，表皮細膩、光滑，油細胞為半透明狀，汁多味道好。

☑ 捏軟硬：用手按壓時較為堅硬，説明皮薄，果肉多。

☑ 憑手感：挑選最重的柚子，汁多，果肉豐滿。

☑ 看果肉：切開後，果肉汁液豐富，口感綿軟，味道好。

吃不完，這樣保存

新鮮的柚子表皮較厚，可以放到乾燥、通風、陰涼處，溫度要控制在 10℃以上。值得注意的是，柚子不能同水和酒接觸，一旦接觸腐敗的速度會加快。

切開後的柚子應儘快食用，如果需要儲存，可以用保鮮膜包好，放到陰涼處保存。可以在吃柚子之前將柚子的表皮橫向切開，注意不要將果肉切開，然後把果肉從裏面全掏出來。如果柚子沒有吃完，可以把剩餘的果肉再次放到柚子皮製作成的碗中，把果皮再次合到一起，這樣能保鮮較長時間。

這樣吃，安全又健康

清洗

如果一次性無法吃完整個柚子，那食用之前最好不要清洗，因為一旦清洗後柚子會非常難保存。如果一定要清洗，那可以用食鹽搓洗的方法，再用清水沖洗乾淨就可以了。

食用禁忌

柚子是一種屬性寒涼的水果，因此體虛胃寒、患有腹瀉的朋友不能吃。柚子在降血壓、降血脂方面的功效很顯著，所以在服用降血壓、降血脂的藥物時不能食用柚子或用柚子汁送服，尤其是老人，以免給身體帶來無法避免的傷害。服用避孕藥的時候也不能吃柚子，以免降低藥效。另外，柚子中富含鉀，因此不適合腎病患者食用。

健康吃法

柚子作為新鮮的水果生食當然最美味。不過剛剛買回的柚子可能口感會比較差，這時你不妨把柚子表皮的膠袋扒掉，在陰涼、避光處放 7~8 天，等到糖分增加後再食用，這樣不但口感會提升，連汁液也會更豐富。柚子的果肉美味，果皮也可以食用，可以用柚子皮製作柚子糖。不過它的表皮口感澀，所以在食用時只選取它內側的白色“棉絮”層食用。柚子皮還可以炒食作菜，味道也很鮮美。

tips

柚子的功效：

潤肺、止咳化痰、清熱去火，補血、利尿、清腸，促進消化，促進傷口癒合，預防腦血栓、中風、癌症等，促進胎兒發育等。

營養成分表（每 100 克含量）

熱量及四大營養元素

熱量（千卡）	脂肪（克）	蛋白質（克）	碳水化合物（克）	膳食纖維（克）
41	0.2	0.8	9.5	0.4

礦物質元素（無機鹽）

鈣（毫克）	4
鐵（毫克）	0.3
磷（毫克）	24
硒（微克）	0.7
銅（毫克）	0.18
鋅（毫克）	0.4
鈉（毫克）	3
鉀（毫克）	119
鎂（毫克）	4
錳（毫克）	0.08

維他命以及其他營養元素

營養元素	含量
維他命 A（微克）	2
維他命 B_1（毫克）	-
維他命 B_2（毫克）	0.03
維他命 C（毫克）	23
維他命 E（毫克）	-
煙酸（毫克）	0.3
胡蘿蔔素（微克）	10

蜂蜜柚子茶

甘甜爽口的蜂蜜柚子茶在化痰止咳、清熱去火方面的功效非常顯著。

Ready

柚子 1 個
蜂蜜 500 克
冰糖 100 克
食鹽

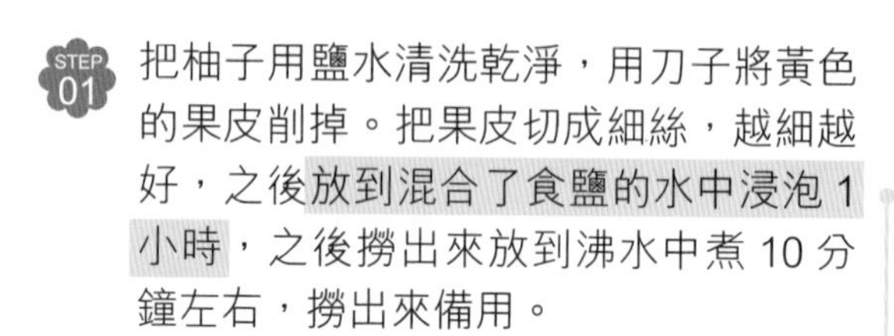

STEP 01 把柚子用鹽水清洗乾淨，用刀子將黃色的果皮削掉。把果皮切成細絲，越細越好，之後放到混合了食鹽的水中浸泡 1 小時，之後撈出來放到沸水中煮 10 分鐘左右，撈出來備用。

STEP 02 把柚子肉從白色棉狀內層中剝出來，將果肉撕成小塊備用。

STEP 03 把處理好的柚子皮和柚子肉一起放入沒有任何油漬的鍋內，放入冰糖和一碗清水，用中火熬煮 60 分鐘左右，等到變稠為止。在熬製過程中，為了防止黏鍋要經常攪拌。

STEP 04 熬煮好的柚子變涼後，放入蜂蜜攪拌均勻，裝入消毒好的玻璃瓶中，放到冰箱冷藏保存。食用時，取少許蜂蜜柚子調入適量溫水攪拌均勻就可以了。

用鹽水浸泡是為降低果皮苦澀的口感。

Part 6
瓜果類

木瓜

學名	木瓜
常用名	番木瓜、石瓜、蓬生果、乳瓜、木冬瓜、萬壽果、萬壽匏、奶匏
外貌特徵	長橢圓形
所處地帶	熱帶、亞熱帶濕潤地區

木瓜的品種多樣，顏色也多樣，在此以食用性木瓜為主介紹，它的原產地在墨西哥南部和臨近的美洲中部地區。

好柚子，這樣選

OK 挑選法

☑ 看形狀：果形端正，瓜肚比較大，越大說明瓜肉越多，吃起來比較爽口。

☑ 看顏色：表面全部為金黃色，說明已經完全成熟。

☑ 捏軟硬：輕輕按壓果肉時，有軟軟的感覺，說明瓜已經完全熟透了。

☑ 看瓜蒂：瓜蒂處流出猶如牛奶一樣的汁液，瓜比較新鮮。如果發黑，則說明不新鮮。

吃不完，這樣保存

已經完全成熟的木瓜，不適宜放到冰箱冷藏室保存，因為這樣不但不能有效保存，還會加快它變質的速度，一般 6~7 天就會腐爛。不過成熟度在七八分的木瓜可以放到冰箱冷藏室保存，不過也不要超過 10 天，以免影響口感。如果想要長時間保存木瓜，可以買瓜皮發青的未成熟的木瓜，買回後用報紙包裹住，放到陰涼、避光的地方保存就可以了。

切開的木瓜也不要放到冰箱冷藏室保存，最好用保鮮膜包裹住切口處，放到陰涼、通風的地方保存。

這樣吃，安全又健康

清洗

木瓜表面有一層果皮，需要切開後再食用。食用之前可以用清水反覆沖洗果皮，並輕輕搓洗，將表面的髒東西清洗掉，然後再用清水沖洗一下就可以了。

食用禁忌

木瓜因其豐富的營養元素，被稱為"百益之王"，即使如此，也不能一次性大量吃，因為木瓜含有一種略有毒性的番木瓜鹼，食用後對人體筋骨、腰和膝蓋等處會有損傷。過敏體質的朋友也不要吃木瓜。木瓜一旦放進把冰箱冷藏或冷凍後，脾胃虛寒的朋友就不要吃了，以免給身體帶來損傷。此外，孕婦也不能吃木瓜，因為木瓜會引起子宮收縮，導致腹部疼痛。

健康吃法

木瓜無論是直接食用還是做成果汁、果醬都非常的營養美味。木瓜和牛奶可以說是最佳拍檔，因為這樣不但能提升木瓜的口感，還能達到美容養顏的功效。此外，木瓜和帶魚一起食用具有補氣養血的作用。想要通乳汁，可以嘗試把木瓜和鱆魚放到一起食用。木瓜和蘑菇、香菇或蓮子一起吃，具有降血脂、降血壓、緩解冠心病的作用。

tips

木瓜的功效：

促進消化，健脾胃，殺蟲、通乳，抗癌，預防痙攣，提升身體免疫力，美容護膚養顏等。

營養成分表（每 100 克含量）

熱量及四大營養元素

熱量（千卡）	脂肪（克）	蛋白質（克）	碳水化合物（克）	膳食纖維（克）
27	0.1	0.4	7	0.8

礦物質元素（無機鹽）

元素	含量	元素	含量
鈣（毫克）	17	鋅（毫克）	0.25
鐵（毫克）	0.2	鈉（毫克）	28
磷（毫克）	12	鉀（毫克）	18
硒（微克）	1.8	鎂（毫克）	9
銅（毫克）	0.03	錳（毫克）	0.05

維他命以及其他營養元素

元素	含量	元素	含量
維他命 A（微克）	145	維他命 E（毫克）	0.3
維他命 B_1（毫克）	0.01	煙酸（毫克）	0.3
維他命 B_2（毫克）	0.02	胡蘿蔔素（微克）	870
維他命 C（毫克）	43		

美味你來嚐

木瓜銀耳百合羹

味道甘甜的木瓜銀耳百合羹不但具有和胃潤肺的功效，還具有通絡舒筋、降血脂的功效。

Ready

木瓜大半個
梨 1 個
乾銀耳 1 朵
百合
冰糖

把銀耳和百合清洗乾淨，放到水中泡發。

把木瓜去皮、去籽後切成塊；把梨去皮去果核後切成塊。

向鍋內注入適量水，水沸後把泡發好的銀耳和百合放入鍋內煮 20 分鐘左右。

把切好的木瓜、梨以及冰糖放入鍋內用小火再煮 30 分鐘後就可以享用了。

西瓜

學名	西瓜
常用名	夏瓜、寒瓜、青門綠玉房
外貌特徵	圓球、卵形、橢圓球、圓筒形，果皮光滑，綠色或黃色，有紋路
口感	肉質脆或沙，汁液豐富，口感甘甜

西瓜汁多肉美，清爽解渴，是盛夏不可缺少的佳果。就是這盛夏佳果，不乏果農使用催熟劑、嫁接等方法讓西瓜加快成熟，這樣不但口感會受到影響，連營養也會大打折扣。

好西瓜，這樣選

市面上常見西瓜從外觀上主要分為兩種：一種是有紋路的，一種是黑皮的。帶有紋路的西瓜在挑選時要注意選擇紋路清晰、有光澤的，而黑皮的西瓜則要選顏色烏黑、表面光澤均勻的。兩種西瓜雖然外觀不同，不過口感都比較甘甜。

NG 挑選法	OK 挑選法
☒ **瓜皮紋路模糊，光澤暗淡**——有可能是沒有成熟或者成熟度太高了。	☑ 表皮光滑，沒有任何損傷
☒ **瓜臍部位向外突出**——可能是生瓜。	☑ 用手敲擊時，發出咚咚的清脆聲或突突的聲音
☒ **瓜皮摸上去發澀或是有粘手的感覺**——西瓜的質量較次，不宜選購。	☑ 瓜臍部分向內凹陷，果蒂為鮮綠色
	☑ 用手掂時，分量較輕的西瓜質量比較好

NG 挑選法	OK 挑選法
✗ **用手托起西瓜敲擊時，聽到噗噗或嗒嗒聲**——成熟度太高或者還沒有成熟。 ✗ **兩手各托起西瓜掂一下，較重的西瓜不要選購**——西瓜還沒有成熟。	☑ 表面紋路清晰，淺淡分明，光澤均勻

吃不完，這樣保存

夏季是蔬果最不容易保存的時節，雖然西瓜的表皮比較厚，但是如果採取的保存方法不恰當，那西瓜的口感也會大打折扣。

在炎熱的夏季，常用的保存方法就是冰箱冷藏或冷凍。其實西瓜是不可以放到冰箱冷藏或冷凍保存的，尤其是切開的西瓜，如果放到冰箱——5℃的環境中，那一週便會腐敗。放切開的西瓜放在 13℃的環境下，可以存放半個月之久呢。切開的西瓜如果用保鮮膜包裹好，放在低溫環境下，大約能保存 3 天左右。

完整、沒有損傷的西瓜在常溫環境下，保存 5 天左右口感是不會改變的。如果把西瓜放到濃度 30% 的鹽水中浸泡兩天，撈出後再用其他西瓜的汁液塗抹果皮，晾乾後放到陰涼、避光、通風的地方可以保存幾個月之久。

這樣吃，安全又健康

清洗

西瓜是一種藤蔓植物，果實自然要和土壤接觸，這樣必然會讓西瓜的表面沾上一些有害物質，因此清洗是必不可少的。

西瓜的表皮比較厚，所以清洗起來比較簡單。把西瓜放入清水中浸泡，用刷子輕輕刷洗表面，將髒東西清洗掉後，再用清水沖洗一下就可以了。

健康吃法

西瓜作為新鮮的水果，生吃或者製作美味的果汁、果醬或沙拉等都非常營養美味。在炎熱的夏季生吃一塊汁液豐富的西瓜，不但能達到生津止渴的功效，還具有降暑除燥的作用哦。西瓜中含有的大量糖分和鹽分對消除腎臟的炎症很有效。另外，西瓜在美容方面的功效也是很顯著的，這不單單包括西瓜瓤，還包括西瓜皮呢。西瓜瓤含有的大量維他命能維持肌膚水潤。如果用西瓜汁清洗面部，還能達到美白、延緩衰老的功效哦。西瓜皮也是不錯的美容佳品，冰鎮後的西瓜皮能緩解皮膚曬傷，用西瓜皮擦拭臉部能達到舒緩、補水的功效呢！

衣服上的西瓜汁清洗方法：

沒有完全乾的西瓜漬可以塗抹上食鹽揉搓後，再用肥皂清洗。乾的西瓜漬可以塗抹上白醋揉搓後，再用肥皂或洗衣液清洗乾淨即可。

tips

西瓜是屬性寒涼的水果，大量食用後不但會引起腹脹、腹瀉、食慾下降，還會導致腸胃消化不良等，更不適合體虛胃寒的人吃。西瓜的糖分含量也比較高，所以糖尿病朋友要謹慎食用。另外，在吃西瓜的同時儘量不要吃油膩或屬性溫熱的食物，以免造成腹瀉等。值得注意的是，由於西瓜的含糖量較高，所以想減肥的朋友在晚上 9 點之後就不要吃了。飯後也儘量不要吃西瓜，以免引起消化不良。

營養成分表（每 100 克含量）

熱量及四大營養元素

熱量（千卡）	脂肪（克）	蛋白質（克）	碳水化合物（克）	膳食纖維（克）
25	0.1	0.6	5.8	0.3

礦物質元素（無機鹽）

鈣（毫克）	8	鋅（毫克）	0.1
鐵（毫克）	0.3	鈉（毫克）	3.2
磷（毫克）	9	鉀（毫克）	87
硒（微克）	0.17	鎂（毫克）	8
銅（毫克）	0.05	錳（毫克）	0.05

維他命以及其他營養元素

維他命 A（微克）	75	維他命 E（毫克）	0.1
維他命 B_1（毫克）	0.02	煙酸（毫克）	0.2
維他命 B_2（毫克）	0.03	胡蘿蔔素（微克）	450
維他命 C（毫克）	6		

美味你來嚐

清炒西瓜皮

這道菜口感爽脆，在利水、清熱、止渴、健脾胃方面的作用非常顯著。

Ready

西瓜半個
胡蘿蔔半根
蒜 2 瓣
黑木耳
香菜
食鹽
雞精
香油
食用油

吃完西瓜後剩下的西瓜皮，將背面的綠衣削掉後，將白色瓜皮部分切成條備用。

把胡蘿蔔清洗乾淨切成條備用，把黑木耳泡發後切成絲備用，把香菜梗切成段備用（香菜葉子可留作他用），把蒜剁碎備用。

鍋中倒入食用油，燒熱後放入蒜爆香，然後放入胡蘿蔔翻炒，片刻後將木耳絲放入鍋內炒勻，之後將西瓜皮倒入鍋內翻炒。

向鍋內加入適量雞精、食鹽調味，關火前淋上香油攪拌均勻，關火後放入香菜梗炒勻就可以了。

哈密瓜

學名	哈密瓜
常用名	甘瓜、甜瓜、網紋瓜
外貌特徵	橢圓、卵圓、編錘、長棒形等，果皮為網紋皮或光皮
口感	肉質脆、軟或酥，口感甘甜

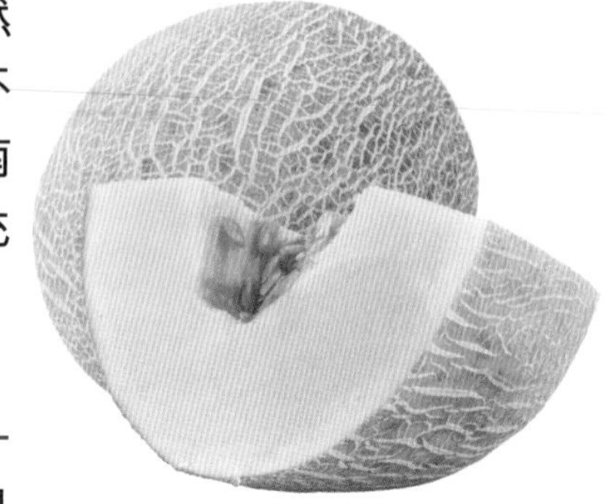

新疆的哈密瓜最為正宗，口感好，然而市面上很多商販販售的哈密瓜並不是來自新疆，而是用來自山東、河南等地的、同哈密瓜外形相似的瓜來充當的。

市面上常見的哈密瓜有兩種類型，一種是帶有網狀紋路的哈密瓜，一種是表皮光滑的哈密瓜。帶有紋路的、成熟的哈密瓜，果柄處會向內略微凹陷，較為光滑，網紋非常細密。表皮光滑、成熟的哈密瓜果柄處色澤變得鮮豔，沒有了茸毛，表面較為堅韌、表皮光滑。

好哈密瓜，這樣選

NG 挑選法	OK 挑選法
☒ **果皮光滑，沒有任何疤痕**——有可能是還沒有完全成熟的哈密瓜。	☑ 紋路多、粗糙，賣相醜陋，表皮上還有裂開的疤痕
☒ **果皮上的紋路稀疏**——口感可能會稍差一些。	☑ 果形端正，顏色鮮豔，有均勻的光澤
☒ **顏色發綠或者顏色暗黃色**——沒有完全成熟或者成熟度太高。	☑ 聞起來有哈密瓜獨有的清香
	☑ 果蒂處比較短，且較為新鮮

NG 挑選法	OK 挑選法
✗ **聞起來沒有任何清香的味道或有異味**——可能是沒有成熟或已經變質腐爛。 ✗ **用手按壓時感覺非常軟或異常堅硬**——成熟度太高或成熟度比較差。 ✗ **果肉靠近果皮地方為綠色**——不是真正的新疆哈密瓜。	☑ 果實綠色口感清脆，金黃色口感綿軟，白色汁液較多 ☑ 用手按壓時堅實稍微有一些軟，微微有彈性

吃不完，這樣保存

哈密瓜表皮和果肉都比較厚，似乎保存起來並不非常困難，然而使用哈密瓜這種特性保存只限於哈密瓜的盛產地。之所以這樣說，是因為市場上販售的哈密瓜很多都來自冷庫。這樣的哈密瓜在保存時，可以把完整的瓜裝入保鮮袋內，密封好後放到冰箱保鮮室內保存。值得注意的是，採用這種方法保存時，最好選擇沒有完全成熟的瓜。

已經切開的哈密瓜保存起來是比較麻煩的。可以把哈密瓜用保鮮膜包裹起來，之後放到冰箱保鮮室保存，不過要儘快食用完畢，以免果肉腐敗、變質。

如果是剛剛採摘下的哈密瓜，可以把哈密瓜頂部向上裝入箱子內，放到陰涼、低溫、通風、避光的地方保存。如果保存的方法正確，可以保存 1~2 個月之久。

這樣吃，安全又健康

清洗

雖然哈密瓜的果皮在食用時會被削掉，不過在食用之前還是要清洗一下，否則果皮上的有害物質會隨著削皮或者切開而趁機進入果實內部，進而造成污染。清洗時把一個完整的哈密瓜放到流動的清水下，然後用柔軟的刷子輕輕刷洗它的果皮，刷乾淨後再用清水沖洗一下就可以了。

健康吃法

很多人喜歡把哈密瓜從中間切開，用勺子挖著吃。這種方法只適合已經熟透的哈密瓜。如果遇到口感脆甜的哈密瓜，可以把哈密瓜從中間切開，然後再把它切成月牙狀的小塊，用勺子挖掉瓤後就可以吃了。

哈密瓜可以生吃，製作成果醬吃，或是烹飪成佳餚。每天生食半個哈密瓜，能有效補充人體所需的水溶性維他命 C 和 B 雜維他命，為身體的正常代謝提供充足的養分。常常在太陽下工作的人也不妨吃些哈密瓜，因為它含有抗氧化劑，能提升細胞防曬的能力，同時延緩皮膚上黑色素的生成。不僅如此， 哈密瓜中富含鉀元素，這種元素不但能預防肌肉痙攣，還具有預防冠心病的功效呢！

tips

哈密瓜是一種屬性寒涼的水果，因此不能大量吃，以免導致腹瀉。哈密瓜的含糖量非常高，所以糖尿病的朋友食用要謹慎。

此外，在搬動哈密瓜時要輕拿輕放，果皮一旦弄破就無法保存。

營養成分表（每 100 克含量）

熱量及四大營養元素

熱量（千卡）	脂肪（克）	蛋白質（克）	碳水化合物（克）	膳食纖維（克）
34	0.1	0.5	7.9	0.2

礦物質元素（無機鹽）

鈣（毫克）	4	鋅（毫克）	0.13
鐵（毫克）	-	鈉（毫克）	26.7
磷（毫克）	19	鉀（毫克）	190
硒（微克）	1.1	鎂（毫克）	19
銅（毫克）	0.01	錳（毫克）	0.01

維他命以及其他營養元素

維他命 A（微克）	153	維他命 E（毫克）	-
維他命 B_1（毫克）	-	煙酸（毫克）	-
維他命 B_2（毫克）	0.01	胡蘿蔔素（微克）	920
維他命 C（毫克）	12		

美味你來嚐

哈密瓜蘋果肉湯

哈密瓜蘋果肉湯味道鮮美，非常適合 2 週歲左右的寶寶食用。另外，此湯在生津止渴、潤肺除燥、健脾和胃方面的功效比較顯著。

Ready

哈密瓜 500 克
蘋果 1 個
豬肉 100 克
生薑

把哈密瓜清洗乾淨，去皮去籽後切成塊備用。把蘋果清洗乾淨，去皮去果核後切成片備用。

把豬肉清洗乾淨，切成片備用。把薑清洗乾淨切成片備用。

把上述所有食材放入砂鍋內，放入適量清水，用大火煮開後調成小火燉熟就可以了。

香瓜

學　名	香瓜
常用名	甘瓜、甜瓜
外貌特徵	紡錘形、高網球形、長橢圓形
所處地帶	熱帶沙漠地區，我國普遍種植

香瓜就是常說的甜瓜，很多人都吃過，不但味道甘甜，果肉也非常美味。

好香瓜，這樣選

OK 挑選法

- ☑ 看形狀：果形大小均勻，頂部果蒂為綠色，底部突出處散發著香味，又甜又好吃。
- ☑ 看表皮：表皮光滑，有自然的光澤，已經完全成熟。
- ☑ 捏軟硬：挑選軟硬適中，捏時有一定彈性，已經完全成熟。
- ☑ 憑手感：挑選最沉最重的香瓜，密度越大，汁越多，果肉豐滿。

吃不完，這樣保存

在保存香瓜時，紙箱是不錯的選擇。首先在紙箱底部鋪上一層報紙，然後把完整、沒有損傷的香瓜依次排列到其中，之後再蓋上一層報紙，把紙箱放到陰涼、避光、乾燥的地方就可以了。保存時控制好溫度，以 25℃左右最佳。值得注意的是，不要把香瓜放到冰箱保存。切開的香瓜也不能放到冰箱保存。可以把香瓜切面用保鮮膜蓋好，放到陰涼、通風的地方保存。最好是一次性食用完畢，因為切開後果實變質的速度會加快。

這樣吃，安全又健康

清洗

香瓜的表面有果皮，所以清洗時可以把它先用清水沖洗一下，然後浸泡在水中並用軟毛刷子輕輕刷洗，刷洗乾淨後再放到混合了食用鹼的水中浸泡一會兒，之後再用清水沖洗乾淨就可以。這樣不但能把香瓜清洗乾淨，還能清除殘留在果皮上的農藥。在清洗香瓜時一定不要把瓜蒂從果實上拔掉，以免污水進入果實內部造成二次污染。

食用禁忌

香瓜口感甘甜，自然糖分的含量也很高，所以患有糖尿病的朋友、血糖較高的朋友最好不要吃。香瓜除了生吃之外，也能同其他食物搭配製作美食，此時要注意不要把香瓜同螃蟹、海螺、田螺、河蟹放到一起烹飪，以免食用後引起身體不適。另外，不要一次性食用大量香瓜，以免引起消化不良、腹痛甚至腹瀉等不適症狀。

健康吃法

香瓜既可以去皮生食，也可以製作成果汁、果醬等食用。生吃香瓜不但具有祛暑清熱的功效，還具有利尿的作用呢，可以說是僅次於西瓜的夏季解暑佳果。生吃味美，和其他蔬菜、肉類等搭配製作成美食營養也會大增。

香瓜的功效：

清熱解暑、生津止渴、去除煩躁，促進內分泌和腸道工作，利尿等。

營養成分表（每 100 克含量）

熱量及四大營養元素

熱量（千卡）	脂肪（克）	蛋白質（克）	碳水化合物（克）	膳食纖維（克）
26	0.1	0.4	6.2	0.4

礦物質元素（無機鹽）

鈣（毫克）	14	鋅（毫克）	0.09
鐵（毫克）	0.7	鈉（毫克）	8.8
磷（毫克）	17	鉀（毫克）	139
硒（微克）	0.4	鎂（毫克）	11
銅（毫克）	0.04	錳（毫克）	0.04

維他命以及其他營養元素

維他命 A（微克）	5	維他命 E（毫克）	0.47
維他命 B_1（毫克）	0.02	煙酸（毫克）	0.3
維他命 B_2（毫克）	0.03	胡蘿蔔素（微克）	30
維他命 C（毫克）	15		

香瓜炒蝦仁

色彩搭配和諧的佳餚讓人胃口打開，真是一道不可多得清熱解暑、利尿的美味佳品。

Ready

香瓜 1 個
蝦仁 10 個
胡蘿蔔 1 個
黃瓜 1/2 條
蔥
薑
生粉
料酒
食鹽
雞精
食用油

把蝦仁去掉頭、尾、殼，清洗乾淨放入碗中，之後把切好的蔥、薑放入碗中，再放入適量生粉、料酒醃製 15 分鐘左右。

把香瓜去皮、去瓤切成塊，把黃瓜、胡蘿蔔清洗乾淨切成丁備用。

鍋內倒入適量食用油，油到八成熱後放入醃製好的蝦仁，等蝦仁變紅彎曲後放入香瓜、黃瓜、胡蘿蔔丁翻炒斷生，隨即用食鹽、雞精調味，最後用生粉勾汁即可。

在清理蝦仁時可以把尾部的殼留下。

Part 7
其他類

甘蔗

學　　名	甘蔗
常 用 名	薯蔗、糖杆、竿蔗、糖梗、紅甘蔗、乾蔗、接腸草
外貌特徵	圓柱形，有節，黑紫色或青色
口　　感	肉質清脆，汁液甘甜

甘蔗可以說是一種應季水果，一般在冬季較為常見。猶如竹子一般的甘蔗雖味道甘甜，不過大量嚼食後會導致舌頭磨損。

市面上常見甘蔗外皮多為黑紫色，還有青皮的甘蔗。兩者顏色不同，功效也有差別。黑紫皮的甘蔗屬性溫水果，具有補充能量、滋養身體、健脾胃和止咳的作用，而青皮的甘蔗卻具有清除肺熱和腸胃熱的功效，不適合脾胃虛寒的朋友吃。

好甘蔗，這樣選

NG 挑選法

- ☒ **顏色暗紅色或者紅色**——口感不是很甜。
- ☒ **果形彎曲**——彎曲的地方可能生蟲子了。
- ☒ **果肉中有紅褐色絲狀物**——已經變質的甘蔗，不能吃。
- ☒ **節較多，大小不均勻**——質量不好，口感稍差。
- ☒ **聞起來沒有味道或有酒味**——變質的甘蔗，不要選購。

OK 挑選法

- ☑ 粗細均勻，果形筆直，沒有蟲眼
- ☑ 表皮深紫色，有均勻的光澤，富有白霜
- ☑ 果肉乳白色，散發出甘甜的清香味
- ☑ 節較少，較為均勻
- ☑ 兩端比較濕潤者較新鮮
- ☑ 用手輕按質地堅硬者較佳

吃不完，這樣保存

眾所週知，甘蔗的皮不但厚，而且非常堅硬，正因此它在保存時則相對容易些。可以把完整的甘蔗，一般是帶著葉子的甘蔗，用葉子將甘蔗包裹住，豎著把它的根部放入水中浸泡，之後把它放到陰涼、避光的地方就可以了。需要注意的是，溫度要控制在 10℃以下。

已經砍斷但沒有去皮的甘蔗，可以把它的切口部分用保鮮膜包裹起來，之後把它放到冰箱冷藏室保存。如果已經去掉果皮，那可以用保鮮膜將它完整包裹起來，再用冰箱冷藏保存。值得注意的是，為了方便保存，在購買時可以讓商家給砍得長一些，這樣能減少糖分的轉化。

這樣吃，安全又健康

清洗

為了保證吃甘蔗時安全又健康，在食用之前不但要清洗，還要辨別是否變質了。下面就一起來看看這兩個方面：

清洗甘蔗。甘蔗的果肉被一層厚厚的、堅硬的果皮包裹著，所以在食用之前只要把果皮清洗乾淨，用乾淨的刀削掉果皮就可以食用了。如果覺得削皮後，甘蔗的果實依然不是很乾淨，那可以再次用清水沖洗一下。

辨別變質的甘蔗。食用甘蔗最佳的季節為秋季，不過整個冬季都可以買到它，甚至在春季都能尋找到它的身影。而春季見到的甘蔗多是在冷庫儲存的，在儲存過程中很容易發生變質。首先在底部會出現白色的絮狀物，其次切開後在果肉內會發現絲狀的紅色物質的，一旦誤食這樣的甘蔗很容易中毒，那是因為變質的甘蔗會含有一種硝基丙酸物質，這種物質對神經的損傷非常大，甚至會出現頭暈、視力模糊、四肢僵硬等。所以為了自身健康，一定不要吃變質的甘蔗。

健康吃法

質量上乘的甘蔗糖分含量極高，在預防低血糖、消除疲勞方面有不錯的功效。另外，生吃或榨汁食用，不但能達到生津止渴、利尿的作用，還具有健脾胃、止胃嘔的功效。 甘蔗的表皮較厚，在去皮時可以選用專用的去皮刀，最好不要用牙齒將皮撕掉，因為這樣對牙齒的傷害很大。

tips

甘蔗雖然營養豐富，但不是所有人都能食用。它含有大量糖分，所以不適合糖尿病朋友和消化不良的朋友食用。此外，為了防止患上齲齒，在食用完甘蔗後一定要漱口。

營養成分表（每 100 克含量）

熱量及四大營養元素

熱量（千卡）	脂肪（克）	蛋白質（克）	碳水化合物（克）	膳食纖維（克）
17.4	0.3	2	10.6	1.7

礦物質元素（無機鹽）

鈣（毫克）	87	鋅（毫克）	-
鐵（毫克）	-	鈉（毫克）	0.7
磷（毫克）	24	鉀（毫克）	230
硒（微克）	-	鎂（毫克）	-
銅（毫克）	-	錳（毫克）	-

維他命以及其他營養元素

維他命 A（微克）	-	維他命 E（毫克）	-
維他命 B_1（毫克）	0.05	煙酸（毫克）	0.3
維他命 B_2（毫克）	0.04	胡蘿蔔素（微克）	0.16
維他命 C（毫克）	2		

美味你來嚐

甘蔗荸薺湯

這道湯食用時不用加糖，具有潤燥益氣、清熱開胃的功效。

Ready

甘蔗 2 節
荸薺 5 個
乾桂圓 5 顆
乾紅棗 5 顆

把甘蔗去皮後，切成小塊，把荸薺去皮後切成兩半，把乾桂圓去皮後放入水中和紅棗一起洗乾淨。

把砂鍋放到火上，注入 1000 毫升水，把上述材料放入鍋內，用大火煮沸後，改成小火再煮半個小時左右就可以了。

雪蓮果

學　名	雪蓮果
常用名	雪蓮薯、神果、地參果、晶薯
外貌特徵	外形酷似甘薯
所處地帶	熱帶高山地區

雪蓮果是一種熱帶水果，原產地在南美洲安第斯山脈地區。雖然被稱為“果”，不過食用的卻是它的塊根。

好雪蓮果，這樣選

OK 挑選法

☑看形狀：選擇身形偏小、表皮光滑，沒有碰傷或節、芽等，表皮有裂口的較好，口感甘甜。。

☑看顏色：表面偏白的水分充足、口感甘甜，表面發紅的一般質量不是很好。

☑看果肉：果肉金黃色，剔透，肉質較好，汁液豐富，口感甜。

吃不完，這樣保存

在存儲時，把雪蓮果用保鮮膜全部包裹起來，放到冰箱冷藏室保存，溫度以2～9℃最佳。另外，還可以把表皮完整的雪蓮果放到陰涼、通風、避光的地方保存。

已經切開的雪蓮果，如果剩餘部分還有表皮，那可以把切口處用保鮮膜包裹起來，之後放到冰箱冷藏保存。需要注意的是，雪蓮果一旦去皮或者被切開，就會被空氣中的氧氣氧化，讓裸露的果肉變成褐色，為了防止它變色，可以把去皮的雪蓮果放入水中浸泡。

這樣吃，安全又健康

清洗

購買以後最好先清洗一下表皮再去皮食用，清洗的時候不用太費力，只需用清水沖洗乾淨就可以了。

食用禁忌

雪蓮果的營養豐富，不過它是一種性屬寒涼的水果，所以腸胃功能欠佳的朋友不要大量食用，以免造成胃寒、狂瀉不止等不良反應。食用雪蓮果時，最好不要飲用牛奶等高蛋白質的食物，以免影響蛋白質吸收。雪蓮果雖然口感較甜，不過含有的碳水化合物很難被人體吸收，所以比較適合減肥、患有糖尿病的朋友吃。另外，在食用雪蓮果時要小心過敏。

健康吃法

雪蓮果無論是生吃，還是製作成果汁、乾果等都非常營養美味。去皮後直接生吃，不但口感甜脆、汁液豐富，還具有清涼降火的功效。把雪蓮果同雞肉或排骨一起燉煮，不但讓湯汁濃郁可口，還能起到開胃健脾的作用。現在很多人都追求綠色生活，也可以把雪蓮果搗碎後做成甜餅吃，它本身口感甘甜，所以不用再額外添加糖分，口感依然香甜。

雪蓮果上有黏稠的汁液，在分切和食用的時候小心弄到手上或衣服上。

雪蓮果的功效：

調節改善腸胃功能，清腸降火，提升免疫力，調節血液，降低血糖、血脂，美容養顏等。

營養成分表（每 100 克含量）

熱量及四大營養元素

熱量（千卡）	脂肪（克）	蛋白質（克）	碳水化合物（克）	膳食纖維（克）
17	0.1	1.5	3.2	0.8

礦物質元素（無機鹽）

鈣（毫克）	50	鋅（毫克）	0.38
鐵（毫克）	0.7	鈉（毫克）	57.5
磷（毫克）	31	鉀（毫克）	-
硒（微克）	0.49	鎂（毫克）	11
銅（毫克）	0.05	錳（毫克）	0.15

維他命以及其他營養元素

維他命 A（微克）	20	維他命 E（毫克）	0.76
維他命 B_1（毫克）	0.04	煙酸（毫克）	0.6
維他命 B_2（毫克）	0.05	胡蘿蔔素（微克）	120
維他命 C（毫克）	31		

雪蓮果煲雞湯

紅白搭配不但相得益彰，就連營養也大大提升了，湯汁濃郁，飲用後具有健脾開胃的功效。

Ready

雪蓮果 500 克
母雞 1 隻
胡蘿蔔 1 個
薑
食鹽

把母雞剁成大塊，用水清洗乾淨，瀝乾水分備用。把薑清洗乾淨切片備用。

把雪蓮果清洗乾淨，去皮後切成滾刀塊放入水中；把胡蘿蔔清洗乾淨切成塊備用。

把清洗好的雞塊先用沸水焯一下， 撈出後放入加了水的砂鍋內，並把薑片一起放入。用大火煮沸後調成小火，燉煮 1 小時。

把切好的雪蓮果和胡蘿蔔一起放入鍋內，煮沸後再燉煮 30 分鐘左右，之後關火，調入適量食鹽就可以享用了。

水能隔絕雪蓮果和空氣接觸氧化，從而保持它潔白的顏色。

水果選購食用圖鑑

編著
張召鋒

編輯
師慧青

美術設計 / 排版
Ah Bee

出版者
萬里機構・飲食天地出版社
香港鰂魚涌英皇道 1065 號東達中心 1305 室
電話：2564 7511
傳真：2565 5539
網址：http://www.wanlibk.com
http://www.facebook.com/wanlibk

發行者
香港聯合書刊物流有限公司
香港新界大埔汀麗路 36 號
中華商務印刷大廈 3 字樓
電話：2150 2100
傳真：2407 3062
電郵：info@suplogistics.com.hk

承印者
中華商務彩色印刷有限公司

出版日期
二零一七年一月第一次印刷

ISBN 978-962-14-6060-8